Jürg Meier

Faszinierende Gifttiere

AF143449

JUMEBA

Dr.phil. Jürg Meier ist Titularprofessor für Zoologie an der Universität Basel. Nach zwanzigjähriger Tätigkeit in einem mittleren Unternehmen der Pharma-, Diagnostik- und Kosmetikindustrie ist er seit 2001 selbständig in den Bereichen Ausbildung, Beratung, Dokumentierung und Führung von Unternehmen tätig.

JUMEBA
Jürg Meier
Prof.Dr.phil.

Bergmattenweg
101
4148 Pfeffingen
Schweiz

Fon (061) 753 83 33
Fax 061) 753 83 32
Mobil (079) 334 24 66

Email info@jumeba.ch
Internet www.jumeba.ch

Jürg Meier

Faszinierende Gifttiere

Faszinierende Gifttiere / Jürg Meier
Herstellung: Books on Demand GmbH
ISBN 3-0344-0017-9

Für Ulrike und Stephanie,
David und Thomas

Zum Andenken an Noëmi
(14.10.1986 – 13.09.1991)

Faszinierende Gifttiere

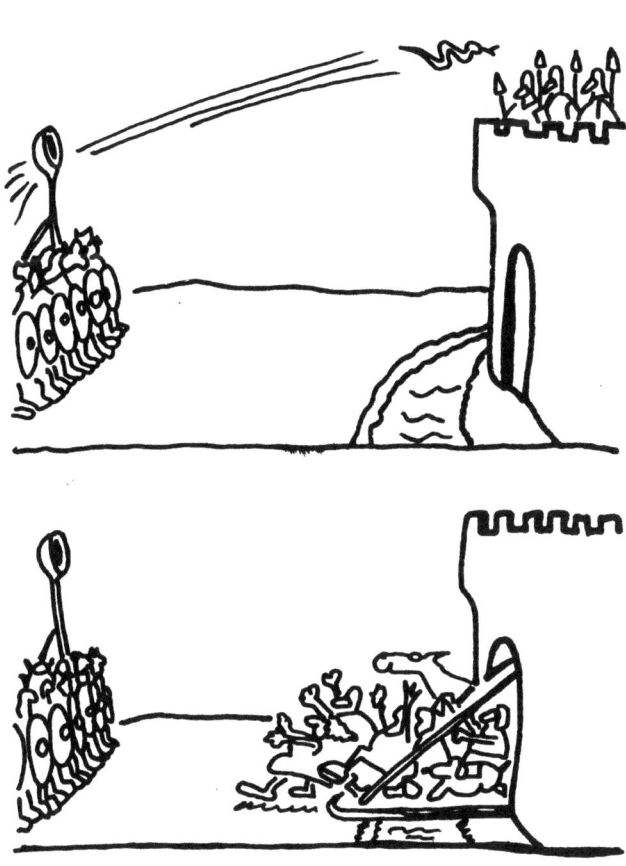

Wie er wohl reagieren würde, wenn er wüsste, was sich in meinem Koffer befindet, den er achtlos auf seinen Beifahrersitz gestellt hatte? - Der belustigende Gedanke kam mir, während ich mit dem netten Taxifahrer plauderte, der mich vom Flughafen Ezeizo in die argentinische Hauptstadt Buenos Aires fuhr. Im Koffer befanden sich nämlich, hübsch verpackt in Kunststoffdosen, fünf südamerikanische Vogelspinnen sowie gegen ein Dutzend Skorpione der Art *Tityus serrulatus*. Letztere fordern jedes Jahr einige Todesopfer, während die Vogelspinnen zwar furchterregend aussehen, jedoch, abgesehen von den australischen Gattungen *Atrax* und *Hadronyche*, vergleichsweise harmlos sind. *„Ganz schön schmerzen kann ihr Biss allerdings schon"*, versicherte mir Sylvia Lucas vom weltberühmten Instituto Butantan in Sao Paulo heute morgen, als wir die Tiere einpackten. Als Spinnen-Spezialistin verfügt sie über entsprechende persönliche Erfahrungen. Wie alle Gifttiere verdienen auch Vogelspinnen unseren Respekt. Die leider weitverbreitete, oft panische Angst vieler Menschen ist jedoch völlig unbegründet.

Erstmals besuchte ich Südamerika als junger Doktorand im Jahre 1981. Unter anderem verpackten wir damals hundertfünfzig giftige Lanzenottern und gegen tausend weisse Mäuse, um sie in einem VW-Bus über sechshundert Kilometer zu transportieren.

Noch immer spielen Gifttiere in meinem Leben eine Rolle. Die wohl weltweit grösste Giftschlangenzucht, Pentapharm do Brasil, sowie ein Serpentarium in der Schweiz zählten bis Ende 2000 zu meinem Verantwortungsbereich in der Geschäftsleitung der PENTAPHARM AG, einer mittleren Pharma-Unternehmung. Ausserdem unterrichte ich, mittlerweile als Titularprofessor für Zoologie an der Universität

Basel, Biologiestudenten in Gifttierkunde. Titularprofessoren sind übrigens die, welche ihren Einsatz in der universitären Lehre ehrenamtlich erbringen. Die tausend Schweizerfranken Kollegiengeld, die man vor Sozialabzügen pro Semester erhält, sofern man mindestens zwei Wochenstunden Vorlesungen abhält, können ja kaum als Honorar bezeichnet werden. Vergessen Sie also nicht: Titularprofessoren beteiligen sich an der universitären Lehre aus Freude und Begeisterung für die Sache!

Wer sich über Jahre hinweg mit Gifttieren beschäftigt, kann natürlich einiges erzählen. Die Faszination, die Gifttiere auf den Menschen ausüben, führt im weiteren dazu, dass man stets ein aufmerksames Publikum vorfindet. Die Taxifahrt nach Buenos Aires gab daher den Ausschlag, einige "Gifttier-Geschichten" niederzuschreiben. Ich möchte aber nicht nur vergnügliche Unterhaltung bieten, sondern für die Gifttiere auch eine Lanze brechen. Gifttiere sind nämlich wesentlich besser als ihr Ruf. Ausserdem dürfen Sie mich beim Wort nehmen. Alles, was Sie im folgenden lesen, hält naturwissenschaftlicher Nachprüfung stand. Möglicherweise werden einige Vorurteile und Medien-Berichte zertrümmert und Sie sehen Gifttiere nach dieser Lektüre mit anderen Augen. In Wirklichkeit sind sie nämlich weitaus faszinierender als in den mancherlei Schauermärchen, die über sie herumgeboten werden.

Am Ende jedes Kapitels beantworte ich zehn Fragen, die im Zusammenhang mit Gifttieren immer wieder gestellt werden. Den Teilnehmerinnen und Teilnehmern der Gifttiervorlesung im Allgemeinen Tropenkurs des Schweizerischen Tropeninstitutes bin ich zu speziellem Dank verpflichtet, weil sie mir jeweils zu Beginn auf einem Zettelchen drei Fragen zum Thema Gifttiere stellen müssen, da sie ansonsten kein Vorlesungsskript erhalten. Dies dient einzig dazu, einen hundertprozentigen Rücklauf dieser kleinen Aktion zu garantieren.

Jede Gruppe medizinisch bedeutsamer Gifttiere wird ausserdem in Form eines kurzen „Steckbriefes" nochmals vorgestellt.

Schliesslich verhelfen Ihnen die „Vorbeugenden Massnahmen" und die „Massnahmen zur Ersten Hilfe" dazu, allfälligen Begegnungen mit Gifttieren respektvoll, jedoch gelassen entgegen zu sehen.

Ich wünsche Ihnen Kurzweil und viel Vergnügen beim Lesen.

4148 Pfeffingen / Schweiz, Dezember 2001

Tiergifte und Gifttiere – allgemein betrachtet ?

1. Was sind eigentlich Gifte?

Gifte sind chemische Substanzen oder Substanzgemische, die einen Organismus zu schädigen vermögen. Dazu müssen sie vom Lebewesen aufgenommen werden. Dies geschieht im Falle von Gifttieren entweder dadurch, dass der Organismus gestochen oder gebissen wird. Manche Gifte wirken auch einfach dadurch, dass sie mit der Körperoberfläche in Kontakt kommen. Schliesslich kann man auch geschädigt werden, nachdem man giftige Tiere gegessen hat. In diesem Falle entfalten die Gifte ihre Wirkung erst, nachdem das Gift über die Verdauung in den Körper gelangt ist.

Tierische Gifte gelangen also *parenteral* (= „am Magendarmtrakt vorbei") oder *enteral* (= „über den Magendarmtrakt") in den Körper des betroffenen Organismus.

2. Was ist ein „Gifttier"?

Ein „Gifttier" ist in der Lage, Beute- oder Feindorganismen durch chemische Substanzen, die „giftig" („toxisch") wirken, zu schädigen. Die Giftwirkung kann entfaltet werden, nachdem das Opfer gestochen oder gebissen wurde oder sonstwie mit dem Gift in Kontakt gekommen ist. In manchen Fällen erfolgt die Giftwirkung im Sinne einer „Vergiftung" erst, nachdem das Gifttier gegessen wurde.

3. Haben alle Gifttiere einen „Giftapparat"?

Einen „Giftapparat", also spezielle giftproduzierende Drüsen bzw. Gewebe verbunden mit Injektionseinrichtungen wie Giftstacheln, Giftklauen oder Giftzähnen besitzen nur die sogenannt „aktiv giftigen" Tiere. „Aktiv" hat in diesem Zusammenhang jedoch nichts mit der üblichen Bedeutung von „aktiv" im Sinne von aktiver Lebensweise zu tun.

Von „passiv giftigen" Tieren sprechen wir, wenn die betreffenden Organismen keinen „Giftapparat" besitzen, sondern giftige Substanzen in „normalen" Körpergeweben produzieren bzw. speichern.

Im Englischen („Venomous animals" für „aktiv giftige" Tiere und „poisonous animals" für „passiv giftige Tiere") und im Französischen („Animaux venimeux" und „animaux vénéneux") ist die Unterscheidung weniger irreführend. Allerdings machen solche Unterscheidungen nur die echten Kenner der Materie.

4. Wovon ist die Schwere einer Vergiftung abhängig?

Die Schwere einer Vergiftung ist von vielen Faktoren abhängig. Beispielsweise hängt es davon ab, ob man in den Fuss bzw. die Hand oder etwa in den Hals gebissen oder gestochen wurde. Je näher das Gift bei lebenswichtigen Organen eintritt, desto grösser die Gefahr.

Ganz wichtig ist natürlich auch die Giftmenge. Je mehr Gift in den Körper eintritt, desto grösser die Giftwirkung.

Dann darf die Giftzusammensetzung nicht vergessen werden. Es gibt geografische Unterschiede innerhalb derselben Gifttierart. Es sind auch individuelle, geschlechtsabhängige, altersabhängige, saisonale und gesundheitsabhängige Unterschiede in der Giftzusammensetzung bekannt.

Schliesslich hängt der Schweregrad einer Vergiftung auch noch vom Gesundheitszustand und vom Alter des betroffenen Lebewesens ab. Bei den Menschen sind vor allem Kleinkinder gefährdet. Zum einen ist die Giftdosis wesentlich grösser, weil sie einen kleineren Organismus trifft, zum anderen verhält sich der Stoffwechsel kleiner Kinder anders als derjenige erwachsener Menschen.

5.   Welches ist das „giftigste" Gifttier?

Weil die Giftwirkung von vielen Faktoren abhängt, kann man kein „giftigstes" Gifttier bezeichnen. Jeder Unfall mit einem Gifttier soll aber ernst genommen werden. Es lohnt sich, wenn immer möglich einen Arzt aufzusuchen.

6.   Wie „gefährlich" sind Gifttierunfälle?

Gifttierunfälle sind in der Regel weitaus weniger gefährlich als wir gemeinhin annehmen. Dies deshalb, weil ein Tier, das aus Angst beisst oder sticht, oft nur wenig oder gar kein Gift abgibt. Meist reicht es, einen Feind durch einen schmerzhaften Stich oder Biss zu erschrecken und abzulenken. Die kurze Zeit der Ablenkung wird dann vom Gifttier zur Flucht genutzt.

7.   Sind Gifttierunfälle ein „Gesundheitsproblem"?

In Gegenden, wo Gifttierunfälle ein Gesundheitsproblem wären, sind sie es eigentlich deshalb nicht, weil andere Gesundheitsprobleme viel „wichtiger" sind. Was bedeuten beispielsweise tausend Todesfälle durch Skorpionstiche oder Giftschlangenbisse in einer Region, wo Zigtausend Menschen jährlich an Malaria oder AIDS sterben?

Allerdings: für einen Betroffenen, der an einem Gifttierunfall stirbt, ist es ziemlich gleichgültig, ob die Todesfallrate infolge Gifttierunfall in seinem Lebensraum nur 1 % aller Todesfälle ausmacht. Für den Einzelnen ist der Tod schliesslich immer eine hundertprozentige Angelegenheit.

8. Sind Gifttierunfälle ein „psychologisches Problem"?

Mit Sicherheit JA. Viele Menschen haben panische Angst vor Gifttieren – insbesondere vor Giftschlangen. Weit abgeschlagen folgen dann Spinnen und Skorpione. Derjenigen Gifttiergruppe, die weltweit am **meisten Todesfälle** beim Menschen verursacht, stehen wir eigentlich sehr positiv gegenüber: es sind dies die **Bienen und Wespen**. Ihr Stich wirkt jedoch in der Regel nicht über die Giftwirkung, sondern wegen allergischer Sofortreaktionen tödlich.

9. Wie können wir uns vor unliebsamen Begegnungen mit Gifttieren schützen?

Beispielsweise, indem Sie dieses Buch lesen. In den letzten Kapiteln widmen wir uns ernsthaft der Frage, wie man Gifttierunfällen vorbeugen kann und welche Massnahmen zur Ersten Hilfe bei einem Gifttierunfall sinnvoll und leicht anzuwenden sind.

10. Welches ist die grösste „Komplikation" bei einem Gifttierunfall?

Zweifellos ist es die Angst des betroffenen Menschen und seiner Umgebung. *„Wenn Dich eine beisst, dann* *stirbst Du ja!"*, sagte mein Schwager, ein Arzt, als ich im Jahr 1979 mit Giftschlangen zu arbeiten begann. Er befindet sich damit in guter Gesellschaft der meisten mitteleuropäischen Ärzte. Diese haben, wie die meisten Menschen in unseren Breitengraden, keine grosse Ahnung davon, wie Gifttiere sind, wie Gifttiere leben und wie sich Gifttiere verhalten. Dies zum einen deshalb, weil bei uns wenig Unfälle mit Gifttieren passieren. Andererseits tun sensationslüstern aufgemachte Berichte in den Medien das Ihre, um Gifttiere bei weiten Bevölkerungskreisen in ein schiefes Licht zu stellen. Es ist das Anliegen dieses Buches, hier Gegensteuer zu geben.

⚘⚘⚘⚘

Ohne Mann geht's auch

Eine Ladung Spinnen und Skorpione im Gepäck ist von Vorteil. Besonders in Ländern, in denen davon auszugehen ist, dass alles abhanden kommt, was nicht niet- und nagelfest ist. In den Hotelzimmern Südamerikas pflegte ich die verschiedenen Gläser mit Spinnen und Skorpionen einfach auf den Tisch zu stellen. Ein Blatt Papier mit der Aufschrift: *„Estos scorpiones y araneos son muy venenoso!"* (*„Diese Skorpione und Spinnen sind sehr giftig!"*) schien eine derart nachhaltige Wirkung auszuüben, dass ich mich zu einem Experiment bemüssigt fühlte. Ich legte eine Zehndollarnote auf den Tisch und beschwerte sie mit je einem „Spinnen"- und einem „Skorpionglas". Die Zehndollarnote blieb unangetastet – in allen Hotels Argentiniens, Uruguays und Brasiliens, die ich auf dieser Reise besuchte. Bleibt die Frage, ob ich mit zu niedrigem Einsatz gespielt hatte? Eines ist sicher: Hätte eines der Mädchen des Zimmerdienstes meine Gifttierkurse besucht, der Geldschein wäre gefährdet gewesen. Vielleicht sind aber die südamerikanischen Hotels auch einfach besser als ihr Ruf.

⚕⚕⚕⚕

Skorpione der Art *Tityus serrulatus* sind besonders faszinierend. Sie haben nämlich die Männer abgeschafft. Wissenschaftlich ausgedrückt pflanzen sie sich *parthenogenetisch* fort. Man spricht auch von „Jungfernzeugung". Dies ist zunächst theoretisch interessant und lädt zum Philosophieren ein. Praktisch bedeutsam wird es, wenn die Skorpione ausgerechnet im Koffer gebären. Das taten die meinigen – auf dem Rückflug von São Paulo nach Zürich. Auf den ersten Blick ist dies ja nicht weiter schlimm, könnte man denken. Wenn allerdings die Jungskorpione kleiner sind als die Luftlöcher, die wir im Plastikdeckel der Transportgläser angebracht hatten, sieht die Sache doch etwas anders aus. Ich kam schon etwas ins Schwitzen, als ich den Koffer auspackte – und schüttelte die Wäsche ordentlich aus. Offensichtlich hatte noch kein Mitglied der giftigen Brut Lust verspürt, sich von der Mutter zu entfernen. Dies tun sie in der Regel auch nicht vor der ersten Häutung, also einige Tage nach der Geburt. Ich hoffte natürlich, dass sich durch das Schütteln kein verirrtes Tierchen mehr in der Wäsche befand. Ohne Kommentar räumte ich meine Wäsche weg und wartete ab. Da sich niemand aus der Familie über ein „Zwicken" beklagte, konnte ich mir sagen: „Schwein gehabt!" Nachdem die Angelegenheit verjährt ist, erfährt sie jetzt auch meine Frau beim Lesen dieser Zeilen. Schliesslich sind Ehefrauen verpflichtet, ihrem Angetrauten in guten wie in schlechten Zeiten beizustehen. Wer weiss, vielleicht haben die Skorpionsweibchen von *Tityus serrulatus* ihre Männchen deshalb abgeschafft. Manche Evolutionsbiologen behaupten, die Sexualität werde dort abgeschafft, wo ein Interesse an besonders stabilen Populationen bestehe. Ob das auch für *Tityus serrulatus* zutrifft?

∂∂∂∂∂

Vogelspinnen flössen vielen Menschen einen Riesenschreck ein. „Spinnen – Phobien", also panische Angstzustände beim Anblick von Spinnen, scheinen weit verbreitet zu sein. Wahrscheinlich ist das oft furchterregende Aussehen „haariger" Vogelspinnen gepaart mit Urängsten und falschen Vorstellungen Ursache für diese recht unangenehme Erscheinung. Wer von einer solchen Phobie geplagt wird, kann sich ihrer nicht einfach erwehren. Selbst dann nicht, wenn man ihm erklärt, dass Spinnen „gar nicht so" sind. Das unangenehme Gefühl im Bauch gewinnt stets über das Wissen im Kopf. Trotzdem versuche ich im folgenden, etwas Spinnenwissen zu verbreiten. Vielleicht hilft es ja doch ein wenig.

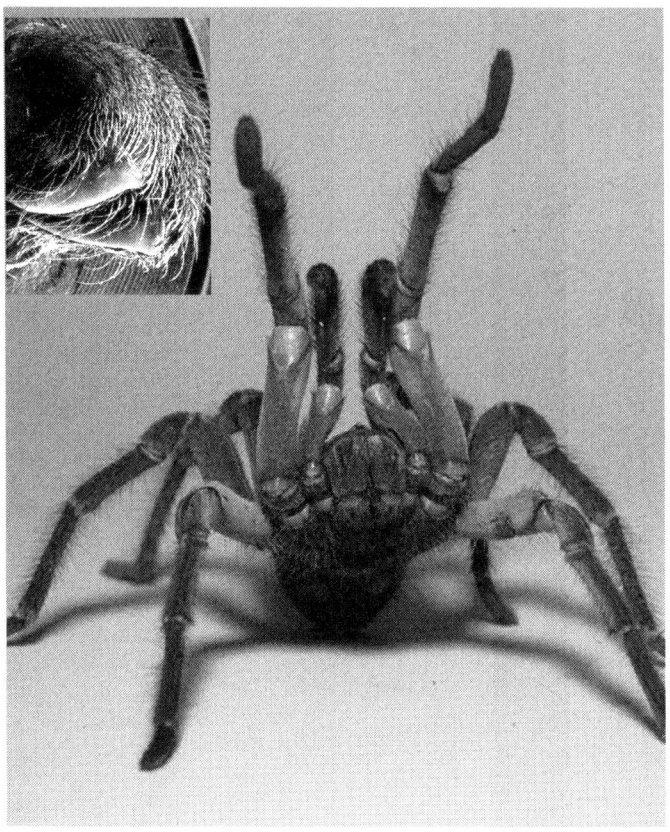

Eine Vogelspinne in Abwehrhaltung und rasterelektronenmikroskopische Detailaufnahme der Giftzangen (Cheliceren)

Fast alle Spinnen sind giftig und haben kräftige, hohle Fangzähne (Cheliceren), die mit Giftdrüsen verbunden sind. Im Falle der grossen Vogelspinnen (Spinnenordnung *Orthognatha*) liegen die Giftdrüsen im körpernahen Glied des Fangzahnes, während sie bei den viel kleineren „echten Spinnen" (Ordnung *Labidognatha*) einen grossen Teil des Kopfbruststückes (Cephalothorax) ausfüllen. Wenn eine Spinne ihre Giftklauen in ein Beutetier einschlägt, verharrt sie in dieser Position meist für ein paar Minuten und wartet, bis das Strampeln als Folge der Wirkung ihres Nervengiftes nachlässt. Anschliessend werden Verdauungssäfte in das Opfer eingeträufelt. Diese lösen seine Gewebe auf. Schliesslich kann die Spinne die nährstoffreiche Bouillon aufsaugen.

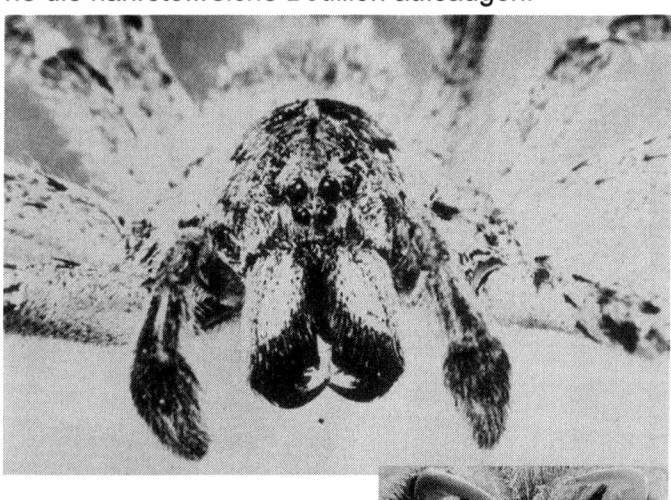

Portrait einer labidognathen Spinne mit rasterelektronenmikroskopischer Aufnahme der Giftzangen (Cheliceren)

Auch bei Spinnen hat der Satz *„Ohne Mann geht's auch"* etwas für sich. Wohl benötigen die meisten Arten zur Fortpflanzung noch einen Mann. Für diesen ist aber das Sexualleben meist mit höchster Lebensgefahr verbunden. Dies liegt zunächst einmal nicht an seiner Person – Spinnen fressen nun einmal alles, was gleich gross oder kleiner ist als sie selbst. Und die Weibchen sind in der Regel einfach grösser als die Männchen...

Dies lädt natürlich auch zum Nachdenken ein. Wir müssen doch davon ausgehen, dass die Spinnenfrau ihren naturgemässen Geschlechtspartner schlicht nicht als Artgenossen zu erkennen scheint. So etwas scheint in unserer lebenden Umgebung übrigens gar nicht so selten zu sein. Wie sonst könnte es vorkommen, dass eine Schlange ihren Terrarienpartner, mit welchem sie vielleicht schon etliche Nachkommen gezeugt hat, einfach „mitfrisst". Dies geschieht, wenn sich beide dieselbe Maus einverleiben möchten, weil ein unachtsamer Tierhalter nicht weiss, dass man Schlangen zur Fütterung trennen sollte.

Doch zurück zu unseren Spinnen. Mit verschiedenen und verblüffenden Strategien nähern sich die Spinnenmännchen der Angebeteten. Eine vergleichsweise einfache Technik besteht darin zu warten, bis sich das Weibchen gehäutet hat. Wie alle Gliedertiere haben Spinnen ein Aussenskelett aus totem Chitin, das sie einem Panzer gleich umhüllt. Von Zeit zu Zeit muss die Schale gesprengt werden. Unmittelbar nach der Häutung ist die Partnerin für kurze Zeit weich und muss warten, bis der Panzer wieder aushärtet. Dies ist der richtige Augenblick für das Männchen, sein Samenpaket dem wehrlosen Weibchen in die Geschlechtsöffnung zu schieben.

Bei anderen Spinnenarten bringt man(n) ein Geschenk mit, was Horst Stern in seinem wunderschönen Buch „Leben am seidenen Faden" zur Kapitelüberschrift *„Gehst Du zum Weibe – vergiss' die Fliege nicht!"* veranlasste. Tut sich das Weibchen erst einmal an der „Praline" gütlich, lässt sich das grosse Werk vergleichsweise gefahrlos hinter sich bringen. Trotzdem gelingt die heikle Tat nicht immer – vor allem dann nicht, wenn man(n), wie dies da und dort vorkommt, den Leckerbissen nach vollbrachtem Geschlechtsakt dem Weibchen zu entreissen versucht oder gar nur ein „leeres Päckchen" überreicht. Immerhin ist ein totes Männchen, das sein Erbmaterial an kommende Generationen weitergereicht hat mehr wert als ein lebendes Männchen, das sich nicht paart. Ausserdem dürfte es dem Fortbestand der Art von Nutzen sein, wenn seine wertvollen Eiweisse und sonstigen Körperbaumaterialien nach der Passage durch den Verdauungstrakt des Weibchens zum Aufbau der Nachkommenschaft verwendet werden können. So zumindest versuchen wir Naturwissenschaftler uns auf solche Geschichten unseren Reim zu machen.

Doch damit nicht genug. Viele Spinnen bauen wunderschöne Netze und wir stellen fest, dass das geringste „Wackeln" im Netz bei der Besitzerin sofort gezieltes Verhalten auslöst. Hat sich beispielsweise eine Fliege im Netz verheddert, wird sie sofort eingewickelt, bevor ihr der Todesstoss versetzt wird. Bei manchen Arten hängt nun das Männchen einen „Paarungsfaden" an das Radnetz des Weibchens und beginnt im wahrsten Sinne des Wortes auf dieser „Harfe" zu spielen. Die spezielle Rhythmik scheint das Weibchen derart zu besänftigen, dass die Annäherung vergleichsweise ungefährlich möglich wird.

Noch phantastischer sind rituelle Fesselungen, welche die Männchen mancher Arten an der Geschlechtspartnerin vornehmen. Rituell deshalb, weil sich das Weibchen nach der Paarung völlig problemlos der Fesseln entledigen kann. Wahrlich – Spinnen sind derart faszinierende Wesen, dass vordergründige Ängste schwinden dürften, je mehr wir uns mit dem Wunder ihrer Lebensäusserungen befassen.

✄✄✄✄

Im Oktober 1994 widmete die Zeitschrift „DAS BESTE aus Readers Digest" der ostaustralischen Trichternetzspinne *Atrax robustus* einen Artikel unter dem Titel *„Die gefährlichste Spinne der Welt"*. Das tönt etwas übertrieben für eine Spinne, deren Biss seit dem Jahre 1920 offiziellen Statistiken zufolge weniger als fünfzehn Menschen erlegen sind – finden Sie nicht auch? Dennoch dürfte die „Sydney Funnel Web Spider" eine Trichternetzspinne, welche zur Vogelspinnenverwandtschaft zählt, zumindest was die verursachten Todesfälle betrifft, wirklich die medizinisch bedeutsamste Spinne überhaupt sein. Die Wahrscheinlichkeit, als Tourist in Australien durch einen Autounfall den Tod zu erleiden ist allerdings ungleich grösser. Diese Tatsache lässt sich jedoch kaum in einem reisserischen Artikel aufarbeiten. Aber eben – Gifttiere beherrschen unsere Emotionen und nähren Urängste.

Auch eine Trichternetzspinne ist keinesfalls das aggressive Tier, das alles attackiert, *„was ihr in die Quere kommt"*. Selbstverständlich mag uns ein schnelles Tier aggressiv erscheinen, wenn es sich in höchster Not wehrt. Doch auch dies ist letztlich ein Verteidigungsverhalten, weil aus Sicht des betreffenden Tieres Flucht nicht mehr möglich erscheint.

Drei Dinge sind im Zusammenhang mit den Trichternetzspinnen bemerkenswert. Zum einen scheinen nur Menschen und Menschenaffen auf das Gift besonders empfindlich zu reagieren, während die meisten grösseren Lebewesen nach einem Biss kaum Reaktionen zeigen. Zum anderen ist es das Gift des kleineren Männchens, welches die besonders gefährlichen Vergiftungen hervorruft. Schliesslich kommt es nach dem Biss der Trichternetzspinne sehr rasch zu lebensbedrohlichen Vergiftungssymptomen.

Das Gift von *Atrax robustus* und ihrer waldlebenden Verwandten der Gattung *Hadronyche* wirkt „neurotoxisch", das heisst, auf das Nervensystem und löst ein Übermass an elektrischen Impulsen an Muskeln, Drüsen und lebenswichtigen Organen aus. Schmerzen, Erbrechen, starker Blutdruckanstieg und selbst ein Lungenödem können auftreten. Der Tod tritt als Folge eines Kreislaufzusammenbruchs ein.

Dr. Struan Sutherland von den „Commonwealth Serum Laboratories" verdanken wir ein Antivenin, mit welchem durch Trichternetzspinnen verursachte Bissvergiftungen spezifisch behandelt werden können. Weil eben die meisten grossen Tiere gegenüber dem Gift sehr unempfindlich sind, war es nicht ganz leicht, ein solches *„Gegengift"* zu entwickeln.

Aus dem Spinnfaden der Trichternetzspinnen werden übrigens – und dies sei hier auch einmal ausdrücklich erwähnt – Fadenkreuze in optischen Geräten hergestellt!

Alle anderen Vogelspinnenarten, die den meisten von uns so viel Angst einflössen, tun dies, ohne uns wirklich schaden zu können. Daran ändern auch Horror- und Science Fiction-Filme nichts. Einmal mehr gilt aber die alte Erkenntnis: *„Unsere Einstellung bestimmt unsere Wahrnehmung"*...

ৡৡৡৡ

Die bekannteste aller Spinnen dürfte die zu den Kugelspinnen (Familie *Theridiidae*) zählende „Schwarze Witwe" sein. Genau genommen handelt es sich bei der Gattung *Latrodectus* um eine Gruppe von etwa fünfzig Spinnenarten unterschiedlicher Giftigkeit. Die Spinnenweibchen sind mit Körpergrössen von nur ein bis zwei Zentimetern relativ klein. Die Fähigkeit, einen „Leimfaden" zu spinnen ermöglicht es ihnen, auch grosse und wehrhafte Insekten zu überwältigen. Das Männchen ist mit wenigen Millimetern Körpergrösse winzig. *Latrodectus* heisst so viel wie „der beissende Räuber". Schwarze Witwen sind – zumindest auf Gattungsebene – Kosmopoliten, das heisst, sie kommen zwischen dem 50. nördlichen und dem 45. südlichen Breitengrad so ziemlich überall vor.

„Es geht auch ohne Mann" bedarf bei der Schwarzen Witwe einiger Relativierung. Während die amerikanische Art *Latrodectus mactans* ihren sehr viel kleineren Partner in etwa fünfzig Prozent der Fälle nach der Begattung verspeist, scheint das Männchen der südeuropäischen „Malmignatte" *(Latrodectus tredecimguttatus)* nach der Kopulation derart erschöpft zu sein, dass es nach Beobachtungen meines leider schon verstorbenen slowenischen Kollegen Professor Zvonimir Marétić „von selbst" stirbt. Die Eientwicklung im Kokon dauert etwa 14 Tage, doch bleiben die Jungspinnen noch eine weitere Woche in dieser Behausung. „Malmignatte" – die „Marmorierte" – wird *Latrodectus tredecimguttatus* deshalb genannt, weil die schwarzen Tiere auf dem Rücken etliche rote Farbtupfer haben. Allerdings sind es nicht immer dreizehn Tropfen, wie der Name *tredecimguttatus* suggeriert.

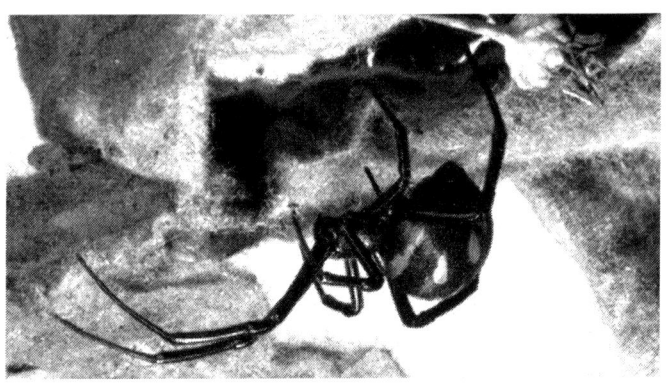

Malmignatte (*Latrodectus tredecimguttatus*)

Im Buch „Das Haus der Gifte" beschreibt Wolfgang Bücherl das Geschlechtsleben der „schwarz-roten" Witwen Südamerikas (*Latrodectus curacaviensis*), welche er im Instituto Butantan in São Paulo während Jahrzehnten gehalten und erforscht hat, wie folgt: »*Steht ihr schon die Bezeichnung „schwarze" nicht ganz zu, so hatte ich nun Gelegenheit zu beobachten, dass es auch mit der Bezeichnung „Witwe" nicht stimmt. Man hat der Latrodectus diesen Namen gegeben, weil die Weibchen angeblich ihre Männchen sogleich nach der Paarung auffressen. Damit wären sie Witwen. Nun aber sahen wir, dass die Sache doch etwas anders verläuft: Das Männchen* ist fast viermal kleiner, eigentlich nur ein hellrosa „Punkt" mit schwarzem Köpfchen und dunklen Beinen. Es haust „seelenruhig" tage- und wochenlang - letzteres habe ich im Laboratorium an den mitgebrachten Spinnen beobachtet - im Gewebe der Gesponsin, als ob es sein eigenes wäre. Wohin sich das Weibchen auch begeben mag, in ein gerolltes, dürres Blatt, auf sein Netz oder nach oben an die Unterseite eines niedrigen Busches, überall spaziert der kleine Wicht anstandslos mit. Oft hängt er sich direkt an die Bauchseite der Gefährtin und lässt sich mitnehmen. Der Faulpelz wird sogar von ihr ernährt. Gewöhnlich dauert dieser Zustand drei Monate. Während dieser Zeit dreht sie hintereinander in kürzeren oder längeren Zeitabständen drei bis sechs Eibälle und bestückt sie mit Eiern. Er ist immer in allernächster Nähe und trägt jedes Mal das Seine dazu bei, damit die Eizellen befruchtet werden. Ist die Brut nach jeweils 26 Tagen geschlüpft und hat sich über das Gewebe verteilt, sitzt er „wie ein grösserer Junge" dazwischen. Wahrscheinlich stiehlt er sich dabei hin und wieder eine Jungspinne. Nach einigen Tagen klettern die Nachkommen auf höhere Blätter, weben eine flaumige „Gondel" und lassen sich von der Meeresbrise landeinwärts verschleppen. Er kehrt zur „Mama" zurück, und sie sorgt weiter für sein leibliches Wohl. Erst wenn die letzte Eiablage stattgefunden hat, will sie nichts mehr von ihm wissen. Um diese Zeit ist jedoch auch seine Lebensuhr abgelaufen - er lebt zwölf bis fünfzehn Monate; ist er gestorben, so bleibt sein Kadaver einige Tage im Gewebe hängen, bis eine Ameise ihn wegschnappt. Dieser Vorgang wurde wahrscheinlich vom Volk beobachtet und so hat man der Überlebenden den Beinamen „Witwe" gegeben. «

So scheint sich das Geschlechtsleben der Schwarzen Witwen in verschiedenen – und für das Männchen verschieden gefährlichen – Formen zu präsentieren. Dasselbe gilt für die Giftigkeit und die medizinische Bedeutung der einzelnen Arten.

Eine besondere Art der Gefährdung durch Schwarze Witwen, die lange Jahre in Australien beobachtet wurde, sei abschliessend erwähnt. Dort zogen sich viele Menschen beim Gang auf öffentliche Toiletten Giftbisse in die Genitalien zu. Dabei waren Männer viel öfter betroffen als Frauen, was daran liegen mag, dass Penis und Hodensack eine zusätzliche „Angriffsfläche" bieten. In der Tat pflegten die an sich unaggressiven Tierchen zwischen WC-Oberkante und aufklappbarer WC-Brille ihr Netz aufzubauen. Da in solchen Toiletten stets mit Fliegen und anderen Insekten zu rechnen ist, können wir diese Strategie durchaus verstehen. Man stelle sich nun aber die Todesangst vor, die eine Schwarze Witwe ergreifen muss, wenn sich plötzlich das Gesäss eines vollausgewachsenen Menschen auf der WC-Brille niederlässt! Dass das Tierchen da zubeisst, ist ihm wahrlich nicht zu verargen. Auch wenn das Resultat – Schmerz und Unbehagen am besten Stück, oder doch zumindest am Allerwertesten – für den Betroffenen alles andere als lustig ist. Nun, vermehrte Hygiene und Anpassungen in der Form von nicht mehr aufklappbaren WC-Brillen haben mittlerweile auch dieses Problem weitgehend gelöst.

ৡৡৡৡ

Kammspinnen der Gattung *Phoneutria* Südamerikas sind eine weitere medizinisch bedeutsame Gruppe von Spinnen. Es handelt sich hierbei um eher seltene, recht grosse Wolfsspinnen von dreieinhalb Zentimetern Körperlänge. Diese sind ausserordentlich schnelle Räuber, wie wir an ihren mitteleuropäischen Verwandten unschwer feststellen können. Auch hier lässt sich die Mär von der *„angriffslustigen Spinne"* kaum ausrotten. Wer will es den Tieren verargen, wenn sie sich in Todesangst auch einmal rasch Richtung Feind bewegen, um sich, wie der Blitz zubeissend, zu verteidigen? Mehrere Hundert durch Kammspinnen verursachte Bissunfälle werden allein in São Paulo jährlich behandelt.

Schon wenige Minuten nach einem Biss können folgende Vergiftungssymptome auftreten: brennender Schmerz an der Bissstelle, beschleunigter Puls, Schwindelanfälle, Fieber, Schweissausbrüche, Übelkeit, Erbrechen, Atembeschwerden, Lähmungen.

Kammspinne (*Phoneutria nigriventer*)

In schwersten Fällen soll es zum Tod durch Ersticken kommen. Allerdings zeigen uns die Statistiken der Gesundheitsbehörden auch hier, dass Todesfälle nach Kammspinnenbissen ausserordentlich selten sind. Ein spezifisches Antivenin gegen Kammspinnengift wird im Instituto Butantan hergestellt und in Brasilien zur Behandlung verwendet. Dies mag mit dafür verantwortlich sein, dass in den letzten zwanzig Jahren keine Todesfälle mehr durch *Phoneutria fera* und ihre Verwandten zu beklagen waren.

Eine Beschreibung medizinisch bedeutsamer Spinnen ist unvollständig, wenn nicht auch noch die Gattung *Loxosceles* erwähnt würde. Diese sehr kleinen, meist bräunlichen Spinnen von nur acht bis fünfzehn Millimetern Körpergrösse sind nachtaktiv und beissen nur, wenn sie beispielsweise zwischen unseren Kleidern und unserem Körper eingeklemmt werden. Verständlich, dass sie sich da wehren. Beim Biss werden kaum fünf Millionstel Gramm Gift abgegeben. Interessanterweise kann diese äusserst geringe Giftmenge recht grosse Nekrosen verursachen. Dies sind schmerzhafte Bezirke abgestorbener Haut. Auch kommt es oft zu einer starken Rötung weiter Hautbereiche. Obwohl Spinnen der Gattung *Loxosceles* in der Literatur immer wieder als Verursacher von Todesfällen beschrieben werden, konnte man dies bis zum heutigen Tag aber niemals schlüssig nachweisen.

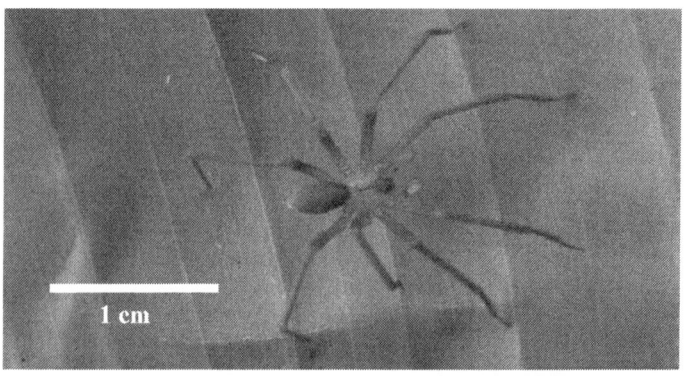

Speispinne (*Loxosceles reclusa*)

Vergiftungen durch Spinnen

| ? |

1. Sind alle Spinnen giftig?

Nein. Es gibt etwa dreissigtausend verschiedene Spinnenarten, die wir Zoologen in sechzig Familien einteilen. Die zweihundert Arten der Familie Kräuselradnetzspinnen (Uloboridae) besitzen keine Giftdrüsen. Wie bereits erwähnt, sind nur sehr wenige Spinnenarten medizinisch bedeutsam, weil ihr Biss beim Menschen zu Vergiftungserscheinungen führen kann.

2. Wozu dient das Spinnengift?

Spinnen sind aktiv giftige Tiere. Ihr Gift dient primär dem Beuteerwerb, indem es hilft, Beutetiere bewegungs- und damit wehrlos zu machen. Dann hat das Spinnengift auch verdauende Funktion, indem es mithilft, die Beutetiere von innen her zu verflüssigen, um den „Nahrungssaft" anschliessend aufsaugen zu können. Schliesslich benützt die Spinne ihr Gift in Notwehrsituationen auch gegen Feinde.

3. Woraus bestehen Spinnengifte?

Hauptverantwortlich für die Wirkung der Spinnengifte sind Eiweisse unterschiedlicher Grösse und Komplexität. Die eher kleinen Peptide wirken als Neurotoxine auf das Nervensystem, wo sie Krämpfe und Schmerzen auslösen. Die grösseren Eiweisse wirken als Enzyme. Sie lösen Körperstrukturen des Beutetieres auf und helfen so bei der Verdauung mit. Daneben finden wir in Spinnengiften noch kleinere

Substanzen, wie etwa die „Polyamine". Diese sind bei Vergiftungen des Menschen jedoch unbedeutend.

4. Sind Spinnen aggressive Tiere?

Nein. Wie alle anderen Tiere versuchen auch Spinnen, die für sie unangenehmen Situationen zu meiden. Allerdings kann eine Spinne, die ihren Eikokon bewacht, die ausserordentlich hungrig ist oder die sich in die Enge getrieben fühlt, durchaus aggressiv erscheinen.

5. Wie viel Gift haben Spinnen zur Verfügung?

Eine grosse Schwarze Witwe (*Latrodectus mactans*) kann bei einem Biss nicht einmal ein halbes Tausendstelgramm Gift abgeben. Nachhaltige, ja lebensbedrohliche Wirkungen können solche geringen Giftmengen nur über sogenannte „autopharmakologische Prozesse" auslösen. Das heisst nichts anderes, als dass das Gift im Körper vorhandene Substanzen explosionsartig freisetzt, die normalerweise vom Körper nur unter bestimmten Voraussetzungen und dann in kleiner Menge freigesetzt werden.

Zu diesen Substanzen gehört beispielsweise das Histamin. Freigesetzt führt es unter anderem zu Schmerzen und zu schmerzhaften Hautreaktionen („Nesselausschlag"). Eine andere Substanz, die autopharmakologisch freigesetzt werden kann ist auch das Bradykinin. Dieses kann eine starke Blutdrucksenkung und damit verbunden Schwindelgefühle, Kreislaufbeschwerden und Übelkeit hervorrufen kann.

6. Wie alt werden Spinnen?

Die grossen Vogelspinnen können wahrscheinlich in seltenen Fällen bis zwanzig Jahre alt werden. Die meisten Spinnen leben allerdings nur ein Jahr, die Männchen oft nur wenige Wochen.

7. Wie wachsen Spinnen?

Wie alle Gliederfüssler (*Arthropoda*) leben Spinnen in einem Panzer aus Chitin. Dieser bildet ein Aussenskelett. Damit ist dem Wachstum durch die Körperhülle eine Grenze gesetzt. Um zu wachsen, müssen sich Spinnen deshalb „häuten". Unterhalb der alten Aussenhülle bildet sich eine Neue. Wenn die Spinne „aus der Haut geschlüpft ist", pumpt sie sich jeweils gehörig auf, solange der neue Chitinpanzer noch weich ist. Sobald dieser ausgehärtet ist, muss mit dem Wachsen jedoch wieder bis zur nächsten Häutung gewartet werden.

8. Wie viele Jungtiere bekommt eine Spinne?

Eine einheimische Kreuzspinnenmutter legt in einem „Arbeitsgang" von etwa zehn Minuten an die tausend Eier in ihren Kokon! Dies beeindruckt besonders, weil jedes Ei grösser als ein Millimeter ist. Eine Schwarze Witwe legt jeweils nur etwa fünfhundert Eier. Bei bis zu neun Kokons im Jahr kommen allerdings auch viereinhalbtausend Jungtiere zusammen. Allerdings erreichen nur wenige Prozent der Jungschar das Erwachsenenalter.

9. Sind Spinnen überhaupt nützlich?

Um nur ein eindrückliches Bild zu malen: die Spinnenpopulation Grossbritanniens verzehrt jährlich mehr als das Gewicht der menschlichen Inselbewohner! Auf einem Quadratmeter Bodenfläche leben etwa 130 Spinnen. Die meisten sind allerdings derart klein, dass wir sie gar nicht wahrnehmen. Giftbestandteile von Spinnen werden in der Erforschung des Nervensystems gebraucht und Spinnfäden werden bis in unsere Tage als „Fadenkreuz" in optischen Geräten verwendet.

10. Sind besondere Vorbeugemassnahmen gegen Spinnenbisse zu beachten?

Wie Skorpione verkriechen sich auch Spinnen gerne in Ritzen und Kleidungsstücken. Es lohnt sich also in den Regionen, wo medizinisch bedeutsame Spinnen vorhanden sind, Ordnung zu halten und die Kleider auszuschütteln, bevor man sie anzieht.

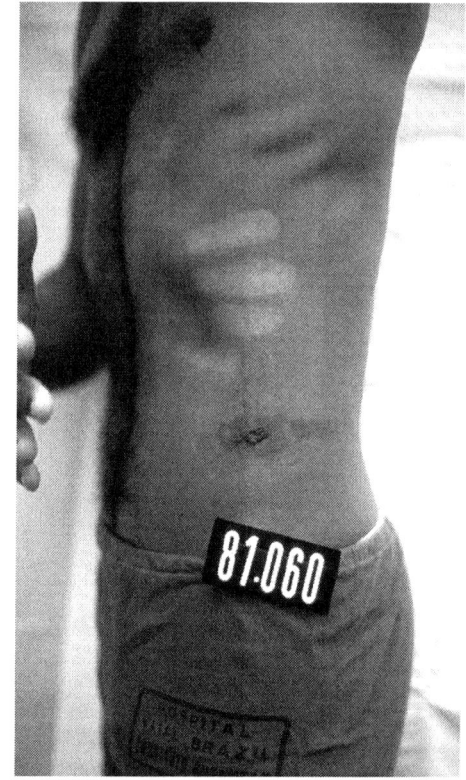

Symptome nach dem Biss einer Speispinne *(Loxosceles reclusa)*

Starke Rötung am ganzen Körper und eine Nekrose (abgestorbener Hautbezirk) an der Bissstelle

Eine unvergessliche Nacht

„In welchem Schuh schlafen wir heute, Liebling?"

Wenn sich Wissenschaftler bei schönstem Sommerwetter tagelang im Halbdunkeln aufhalten und vor sich hindösend ihren Tagträumen nachhängen, nennt man diese Veranstaltung einen Kongress. In der Tat lernt man rasch, dass die wissenschaftlichen Sitzungen, in denen neueste Erkenntnisse - oft auch sogenannte „Eintagsfliegen" - präsentiert werden, nur als Vorwand für die Reise benötigt werden. Das „wahre Leben" spielt sich am Rande des wissenschaftlichen Programms – meist bei einem Glas Bier oder einer Cola – ab. Hier tauschen die Beteiligten ihre Ideen aus und mancher grosse wissenschaftliche Wurf hat seine Wurzeln in solch trauter Runde. So konnte es beispielsweise vorkommen, dass ein ernstzunehmender Blutgerinnungsforscher in feuchtfröhlicher Stimmung sagte: *Ihr seid doch die verrückten Jungs mit den Giftschlangen. Ich hätte da ein Problem, das man mit Schlangengift vielleicht lösen könnte..."*

In der Folge gingen wir nach Hause. Wir fanden unter der Leitung von Kurt Stocker, meinem väterlichen Freund, langjährigen Förderer und Weggefährten im Gift des nordamerikanischen „Kupferkopfes" (*Agkistrodon contortrix*), einer Grubenotter, den Protein C – Aktivator „Protac®". Dieser hat die funktionelle Diagnostik von Protein C-Defekten im Blut von Thrombosepatienten revolutioniert. Das Protein C ist eine wichtige gerinnungshemmende Substanz, welche in unserer Leber hergestellt wird. Ist zu wenig Protein C in unserem Blut oder funktioniert es nicht richtig, werden sinnlos Blutgerinnsel („Thrombosen") gebildet. Dies kann zu Herzinfarkt, Lungenembolie oder Gehirnschlägen führen. An diesen unschönen Dingen stirbt die Hälfte der Menschheit. „Protac®" (eine registrierte Marke der PENTAPHARM AG) macht die Bestimmung von Protein C im Blut von Patienten kinderleicht. Sie sehen also, die Beschäftigung mit Tiergiften ist gar nicht so weltfremd, wie manche Menschen denken.

Der nordamerikanische Kupferkopf *(Agkistrodon contortrix)*, „Produzent" des Protein C-Aktivators Protac®

❧❧❧❧

1988 fand das *„8. Europäisches Symposium über tierische, pflanzliche und mikrobielle Gifte"* in Poreč, einer wunderschönen Hafenstadt im heutigen Slowenien statt. Unser Hotelkomplex lag auf einer malerischen Insel im Adriatischen Meer und wurde von der Stadt aus mit einer Fähre erreicht.

Wir waren müde von der Reise und ich erinnere mich, sofort in mein Zimmer im Hauptgebäude gegangen zu sein, wo ich nach kürzester Zeit einschlief. Am kommenden Morgen sah ich in der Hotelhalle ein Ehepaar, sichtlich gezeichnet von einer durchwachten Nacht. Die Flitterwochen konnten es nicht gewesen sein, dafür schienen sie mir zu vertraut und auch zu alt. Wir kamen ins Gespräch und nachdem sie festgestellt hatten, dass ich zu diesem „Gifttier-Kongress" gehörte, wollten sie wissen, ob sie sich richtig verhalten hätten. Die Sache war nämlich die: als die beiden es sich im Bett gemütlich gemacht hatten und noch etwas lasen, sah die Ehefrau plötzlich, wie sich ein kleiner schwarzer Skorpion quer durchs Zimmer bewegte, um unter ihrem Bett zu verschwinden. An Schlaf war nicht mehr zu denken, hatte man doch gehört, dass es die kleinen Skorpione seien, von welchen die grösste Gefahr ausgehe. Nicht auszudenken, was alles passieren könnte, wenn sich das kleine Kerlchen ins Bett verkriecht! So sassen die beiden nun in ihrem Bett und wachten darüber, dass ihnen nichts zustosse.

Ich konnte mir ein Lachen nicht verkneifen und erklärte den Beiden, dass es sich um einen Vertreter der Gattung *Euscorpius* handeln müsse. Diese Skorpione kommen in ganz Südeuropa vor und haben etwa die Grösse eines Markstückes. (Da wir mit der Zeit gehen, darf es auch ein „Euro" sein). Sie gelten nicht nur, sondern sie *sind* harmlos. Ein Stich dieses Skorpions ist zwar auch schmerzhaft, erreicht aber kaum den Schweregrad eines Bienen- oder Wespenstiches. Von letzteren weiss man, dass Schmerz und Schwellung im Normalfall innerhalb von zwei Stunden gänzlich verschwinden, sofern es keine allergischen Reaktionen gibt. Doch darüber lesen wir im Kapitel „Killerbienen & Co" mehr...

Da wir pflanzliche und tierische Gifte als chemische Substanzen definieren, die auf andere Organismen schon in geringer Menge schädlich wirken können, ist der Mensch streng genommen natürlich nicht als „Gifttier" zu betrachten.

Euscorpius italicus, der Skorpion, der auch in der Schweiz vorkommt – ein vergleichsweise harmloser Geselle

✄✄✄✄

Allerdings sind manche Vertreter der Spezies Mensch ausserordentlich „giftig" – und sei's auch nur im Umgang mit Artgenossen. Der Tierarzt unserer brasilianischen Tochterfirma, den wir auf eine Europareise eingeladen hatten und der mich zum Kongress begleitete, entpuppte sich in Poreč zumindest als ein „interessanter Fall".

Etliche der Kongressteilnehmer waren in Bungalows untergebracht, die auf der ganzen Insel verstreut lagen. So auch er und mein erster Doktorand, Michael Jansen. Nun war es in der Tat so, dass etlichen dieser Bungalows eine Art „Grundfeuchtigkeit" innewohnte. Nebst einer muffigen Atmosphäre äusserte sich dies darin, dass man mit wenig Aufwand die Tapete bahnenweise hätte von der Wand ziehen können. Diese Situation löste bei der Mehrzahl meiner Kollegen Heiterkeit aus; nicht so jedoch bei unserem brasilianischen Freund. Beim Frühstück am ersten Morgen nach unserer Ankunft machte er zunächst dem Hoteldirektor und danach mir eine theatralische Szene und drohte mit sofortiger Abreise. Der Hoteldirektor machte schliesslich einen – wie mir schien – grosszügigen Vorschlag. Mitten auf der Insel gab es noch eine schlossähnliche Anlage, die drei oder vier Suiten umfasste, in denen Frischvermählte ihre ersten Nächte zu verbringen pflegten.

Die Idee des Direktors war nun, unseren Brasilianer und meinen Doktoranden gemeinsam in eine solche Suite zu legen. Mit von der Gesellschaft wäre noch eine nette deutsche Doktorandin namens Ina gewesen. Da die Suite über zwei Schlafräume, ein grosses Wohnzimmer, Bad und sogar eine Küche verfügte, wäre eigentlich alles in Ordnung gewesen. Denkste! Unser Brasilianer war ausser sich. Für einen Mann seines Ranges ist es völlig inakzeptabel, Zimmer und Bett (ein sehr Grosses übrigens...) mit einem Doktoranden zu teilen!

Wenn man vom legendären Wiener Kongress sagte: *„Der Kongress tanzt!"*, so hiess es in Poreč: *„Der Kongress lacht!"* Mittlerweile hatte nämlich jedermann mitbekommen, was hier ablief. Nachdem weder Überzeugungs- noch Überredungskünste etwas gefruchtet hatten, habe ich schliesslich unserem Tierarzt befohlen, *mein* Zimmer zu beziehen. Ich selbst räumte das Feld und verbrachte drei kurzweilige Nächte mit meinem Doktoranden Michael in einer Suite. Wir lachten jeden Abend Tränen und diskutierten in nicht gerade akademischer Weise über die seltsamen Auswüchse menschlichen Verhaltens am Fallbeispiel unseres Brasilianers.

Es ist übrigens durchaus üblich, dass man sich nach Kongressen eher an solche Geschichten erinnert, als an gehörte Vorträge – die Eigenen eingeschlossen.

Parabuthus granulosus – ein medizinisch bedeutsamer Skorpion aus Südafrika bereit zur Verteidigung

Vergiftungen durch Skorpione

?

1. Sind alle Skorpione giftig?

Ja, alle Skorpione sind giftig. Das hinterste Glied ihres „Schwanzes" (Postabdomen) beinhaltet zwei Giftdrüsen, die getrennt nahe der Stachelspitze münden.

2. Wie injizieren Skorpione ihr Gift?

Dadurch, dass der Skorpion im Bedarfsfall die Muskeln kontrahiert, die seine Giftdrüsen umgeben, wird das Gift ausgestossen. Um zu stechen, biegt er seinen stark beweglichen „Schwanz" nach vorn zwischen seine „Zangen" (Pedipalpen). In grosser Not kann er das Postabdomen aber auch nach hinten schlagen und so einen Feind treffen.

3. Wozu benützen Skorpione ihr Gift?

Der Giftstachel wird eingesetzt, sobald ein Beutetier eine gewisse Grösse erreicht und/oder Widerstand leistet, wenn es mit den „Zangen" erfasst wurde. Dann beugt der Skorpion den „Schwanz" nach vorn, sucht mit der Stachelspitze ruhig einen geeigneten Ort und sticht ihn gezielt in das Beutetier.

Im Falle der Feindabwehr wird der Stachel viel hektischer verwendet. Oft versucht der Skorpion, wild um sich schlagend, den Stachel in den Feind zu bohren.

4. Wie wirken die Gifte von Skorpionen?

Die Gifte aller Skorpione wirken „neurotoxisch", d.h. sie beeinflussen das Nervensystem. Dies kann beim Opfer zu Krämpfen oder auch zu Lähmungen führen. Die einzelnen Gifte wirken auf unterschiedliche Tiergruppen unterschiedlich. So gibt es Giftbestandteile, die rasch und stark schädigend auf Insekten und andere Gliederfüssler wirken. Andere wiederum beeinträchtigen das Nervensystem von Wirbeltieren.

5. Begehen Skorpione „Selbstmord"?

Obwohl dies oft behauptet wird, gibt es hier ein klares „*Nein*". Wie viele andere Gifttiere sind auch Skorpione weitgehend gegen die Wirkungen ihres eigenen Giftes geschützt. Dies liegt unter anderem an chemischen Substanzen in ihrem Blut (das Blut wirbelloser Tiere nennen wir auch „Hämolymphe"), welche die Giftbestandteile „neutralisieren", das heisst, schadlos machen. Warum manche Skorpionmännchen das Weibchen beim Liebesspiel gezielt in ein Beingelenk stechen, ist bis heute nicht geklärt.

6. Wie viele Skorpionarten gibt es und wie viele davon können dem Menschen gefährlich werden?

Wir kennen heute etwa 1'500 verschiedene Skorpionarten. Davon sind ungefähr fünfundzwanzig Arten medizinisch bedeutsam. Alle Skorpione, die dem Menschen gefährlich werden können gehören zur Skorpionfamilie Buthidae. Die wichtigsten Gattungen sind *Androctonus* (Nordafrika und Naher Osten), *Buthus* (Südeuropa und Nordafrika), *Centruroides* (südliches Nord- und Zentralamerika), *Leiurus* (Palästina), *Mesobuthus* (Indien), *Parabuthus* (Südafrika) und *Tityus* (Südamerika).

7. Wohin werden Menschen meist gestochen?

Generell betreffen die meisten Gifttierunfälle die Hände und die Füsse der betroffenen Menschen. Dies deshalb, weil die Menschen gedankenlos irgendwo hinfassen oder auf die Tiere treten.

8. Wie viele Menschen sterben jährlich nach Skorpionstichen?

Schätzungen zufolge dürften weltweit jedes Jahr gegen 5'000 Menschen an den Folgen von Skorpionstichen sterben. Vor allem Kleinkinder und ältere Menschen sind gefährdet. Die angegebene Zahl ist wohl deshalb realistisch, weil allein in Mexico jährlich mit 200'000 bis 300'000 Skorpionstichen gerechnet wird. Nachdem mittlerweile gute Antivenine verfügbar sind, sterben dort heute noch gegen 800 Personen jährlich nach Stichen von Skorpionen der Gattung *Centruroides*.

9. Wie schützt man sich vor Skorpionstichen?

Zunächst einmal dadurch, dass man in der Umgebung der Wohnung und in der Wohnung selbst Ordnung hält. Skorpione sind während der Nacht aktiv und pflegen sich tagsüber in Ritzen zurückzuziehen, wo sie mit der ganzen Umgebung Körperkontakt haben können. Da bieten sich natürlich auch lose Steinhaufen, herumliegende Bretter und Gestrüpp an. Herumliegende Kleidungsstücke und Schuhe werden vom Skorpion gerne als Ruhestatt aufgesucht. Mit etwas Aufmerksamkeit lassen sich solche „Verstecke" leicht verhindern. Interessanterweise haben Hühner eine Vorliebe für Skorpione. Sie fressen diese, ohne Schaden zu nehmen. Wer in Regionen wohnt, wo medizinisch bedeutsame Skorpione häufig sind, hält im Garten deshalb am besten einige Hühner. Gegen „Auftritte" schützen wir uns mit gutem Schuhwerk. Bevor wir in der freien Natur irgendwo hinfassen, tun wir gut daran, zuerst hinzuschauen.

10. Was tut man, wenn man von einem Skorpion gestochen wurde?

Die wichtigste Massnahme zur Ersten Hilfe ist auch hier einmal mehr: RUHE BEWAHREN! Man stirbt nicht „einfach so" – auch nicht nach einem Skorpionstich. Dann soll man die betroffene Gliedmasse ruhigstellen und ohne Hast den nächsten Arzt aufsuchen. In Gegenden, wo Skorpionstiche zu Problemen führen, weiss dieser, was zu tun ist.

Androctonus australis – der medizinisch bedeutsame Dickschwanz-Skorpion aus Nordafrika

Killerbienen & Co.

„Es ist die Rechtsvertretung der Killerbienen, Liebling!"

An der „Universidade Federal de Uberlândia", in der Stadt also, die ich seit 1988 jährlich für etwa zwei Wochen besuche, lebt und lehrt seit Jahren einer der renommiertesten Biologen Südamerikas, Professor Warwick Kerr. Im Zusammenhang mit den gefürchteten „Killerbienen" dürfte Kerr sich ungewollt unsterblich gemacht haben. Die Tragödie nahm 1957 ihren Lauf, als der findige Forscher sich einer grossen Aufgabe zuwandte. Es wurde damals nämlich festgestellt, dass die Honigbienen Südamerikas im Vergleich zu ihren europäischen und afrikanischen Verwandten irgendwie „lendenlahm" waren. Sie produzierten nämlich sehr viel weniger Honig als jene. Kerr's löbliche Absicht lag nun darin, die einheimischen Honigbienen mit den leistungsfähigeren afrikanischen Verwandten zu kreuzen. Zu diesem Zweck reiste er nach Südafrika und brachte rund hundertzwanzig Bienenköniginnen mit nach Hause. Nur vierundfünfzig Tiere überlebten; sie zeichneten sich durch ein vergleichsweise aggressives Verhalten aus. Kerr hoffte, durch gezielte Kreuzungsexperimente einerseits die Honigproduktion zu erhöhen und andererseits die Aggressivität der Bienen zu vermindern. Dieses Experiment, Kerr führte es damals bei einem Imker in São Paulo durch, war also nicht ganz ungewagt. Nach neun Monaten, noch bevor endgültige Resultate präsentiert werden konnten, geschah das Unglaubliche: ein Mitarbeiter des Imkers entfernte in Unkenntnis der Sachlage die Absperrvorrichtungen von den Bienenstöcken. Sechsundzwanzig Schwärme suchten das Weite und fanden in der Folge in der Wildnis Brasiliens beste Voraussetzungen zur zügellosen Vermehrung. Die eine Hoffnung Kerr's erfüllte sich sehr zufriedenstellend: die Honigerträge dieser Bienenkreuzung, die auf den wohlklingenden Namen *Apis mellifera scutellatus* hört, verbesserten sich nämlich drastisch. Die zweite Hoffnung aber, dass die Tiere weniger aggressiv werden sollten, erfüllte sich umso weniger. Im Gegenteil: wenn „Killerbienen" sich bedroht fühlen, verfolgen sie ihre wehrlosen Opfer zu Tausenden über Hunderte von Metern. Im Unterschied zu unseren einheimischen Honigsammlerinnen werden sie viel schneller aggressiv, stechen acht mal öfter zu und brauchen etwa eine halbe Stunde länger, um sich – erst einmal erregt – wieder zu beruhigen.

So führte das verunglückte Züchtungs-Experiment von Warwick Kerr im Jahre 1957 dazu, dass „Killerbienen" sich über ganz Südamerika verbreiteten. Mittelamerika haben sie inzwischen auch schon erobert und zur Zeit setzt sich der Siegeszug in den südlichen USA fort – zum Schrecken der dortigen Imker und Landwirte. Mittlerweile sind bereits um die sechshundert Todesopfer zu beklagen.

❧ ❧ ❧ ❧

Die Giftmenge, die Bienen und Wespen produzieren, sind derart gering, dass einem Menschen um die siebzig Stiche „intravenös", das heisst, direkt in ein Blutgefäss verabreicht werden müssten, um ihn in Todesgefahr zu bringen. Dies ist bei „normalen" – sprich: „normal aggressiven" – Bienen nicht zu erwarten. Wenn aber, wie dies bei aufgeregten „Killerbienen" der Fall ist, eine ganze Armee von Bienen zum Angriff schreitet, sind bei einem Opfer mehrere Tausend Stiche durchaus möglich. Derart viele Stiche können dann zu tödlichen Stichvergiftungen führen. Manche haben aber auch Glück. Jener 86jährige Mann aus Georgetown in Texas etwa, der sich beim Rasenmähen in seinem Garten den Zorn eines Schwarmes von Killerbienen zugezogen hatte.

Er überlebte die tausend Stiche ebenso wie sein 59 Jahre alter Sohn, der mit fünfhundert Stichen davon kam.

ঙৌৎ৯৯

Wären es allerdings nur die Stiche der „Killerbienen", die zu Todesfällen führen – die Bienen und Wespen würden niemals die medizinisch bedeutsamsten Gifttiere der Welt darstellen. Dafür, dass selbst in der kleinen Schweiz jährlich zwischen zwei und zehn Menschen nach einem Bienen- oder Wespenstich sterben, ist aber nicht die Giftwirkung verantwortlich. Verantwortlich ist jene Überempfindlichkeitsreaktion, die wir „Insektenstichallergie" nennen.

Auf einen Bienen- oder Wespenstich reagiert zunächst einmal jeder Mensch sehr ähnlich: die Stichstelle schmerzt und juckt sofort sehr stark, sie rötet sich und schwillt an. Das muss nicht näher beschrieben werden, hat es doch jeder von uns sicher schon mehrmals am eigenen Leibe erfahren. Ebenso wissen wir aus Erfahrung, dass die ganze Angelegenheit sich innerhalb von etwa zwei Stunden verflüchtigt.

Bei etwa vier Prozent unserer Bevölkerung bleibt es jedoch nicht dabei. Im mildesten Fall kommt es zu dem, was der Arzt eine *schwere Lokalreaktion* nennt: die Schwellung beschränkt sich nicht auf einen Bereich von etwa zwei Zentimetern um die Stichstelle, sondern breitet sich wesentlich stärker aus. Bei einem Stich in den Fuss schwillt dieser ganz und oftmals bis übers Fussgelenk hinaus an. Die Schwellung bleibt auch wesentlich länger bestehen. Noch schlimmer wird es, wenn „anaphylaktische" Sofortreaktionen genereller Art auftreten.

Beim *„Schweregrad 1"* kommt es zu einem „Nesselausschlag" (Urticaria) mit Übelkeit und Angstgefühlen. Kommt es zusätzlich zu einem Engegefühl mit Erbrechen, Durchfällen, Bauchkrämpfen und Schwindelgefühl, sprechen die Mediziner vom *„Schweregrad 2"*. Wenn dann noch Atemnot, Schwäche, Todesangst und Benommenheit auftritt, ist *„Schweregrad 3"* erreicht. Vollends lebensbedrohlich wird es im *„Schweregrad 4"*: Blutdruckabfall, Kreislaufkollaps und Bewusstlosigkeit zeugen von akuter Todesgefahr. Das Schreckliche dabei ist, dass sich solche Symptome bei einem stark allergischen Patienten innerhalb weniger Minuten entwickeln können. Eine Insektenstichallergie erkennt man also daran, ob sich nach dem Stich Symptome einstellen, die über das normale Mass von Schmerz und einer kleinen Schwellung hinausgehen.

Wie bei anderen Allergien ist auch bei der Insektenstichallergie eine übertrieben heftige Reaktion des Immunsystems die Ursache. Sticht das Insekt zu, gibt es eine solche Reaktion. Beim ersten Stich wird der Körper zunächst sensibilisiert. Dabei produzieren die körpereigenen Abwehrzellen spezielle Antikörper gegen die Allergene des Insektengifts. Die Oberflächen dieser Giftmoleküle werden vom Immunsystem als Fremdkörper erkannt und lösen die Bildung von Antikörpern des IgE-Typs aus; die Giftbestandteile wirken also als „Allergene". Die nun gebildeten IgE-Antikörper wandern zu den mit Histamin gefüllten Mastzellen und setzen sich dort fest. Kommt es bei einem zweiten Stich zu einem weiteren Kontakt mit dem allergieauslösenden Stoff, schütten die bereits markierten Mastzellen im ganzen Körper Histamin aus. Die plötzliche Histamin-freisetzung führt zu den beschriebenen allergischen Reaktionen zunehmender Schweregrade. Übrigens sind im Gift von Bienen und Wespen so wie in den Giften vieler anderer Tiere Histamine und Stoffe mit histaminähnlicher Wirkung enthalten, so dass die allergische Reaktion beschleunigt wird.

Auslöser von Insektenstichallergien sind meist die Insektenfamilien der Bienen (Apidae), Wespen (Vespidae) und Ameisen (Myrmicidae), die alle zu den „Hautflüglern" (Hymenoptera) zählen. Zu der Familie der Bienen gehören auch die Hummeln, die aber viel weniger aggressiv sind und nur sehr selten zustechen.

ॐॐॐॐ

Wer kennt sie nicht, die unangenehme Situation, die beim Frühstück im Freien an angenehmen Sommer-tagen auftreten kann. Plötzlich sind sie da, die „Mit-esser" aus der Gruppe der Hautflügler:

Bienen tun sich an den Süssigkeiten gütlich. Hinzu gesellen sich auch Wespen. Zusätzlich zu den Süs-sigkeiten beginnen diese auch Wurstwaren anzu-knabbern, weil sie ihre Nachkommenschaft – und darin unterscheiden sie sich von den Bienen – mit fleischlicher Kost ernähren.

Auch süsse Getränke werden nicht verschont. Hier-bei werden die Oberkanten von Mineralwasser-Fla-schen und Trinkgläsern als Landebahn benützt. Einmal abgesehen davon, dass ein Stich in den Ra-chen oder die Zunge lebensbedrohlich sein kann, weil durch die sofort auftretende massive Schwel-lung der Weg der Atemluft in die Lunge ab-geschnitten wird – lästig ist es allemal.

Entstehung der Insektenstichallergie

Erstkontakt

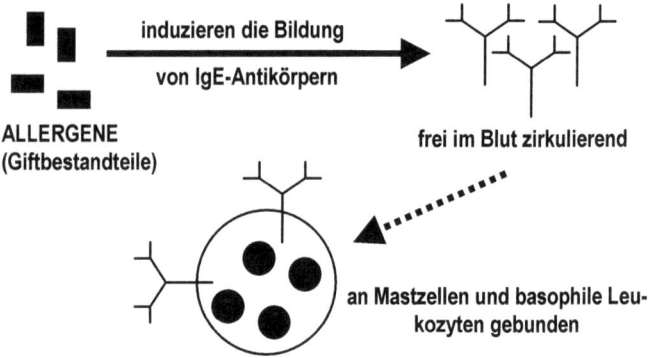

ALLERGENE
(Giftbestandteile)

induzieren die Bildung
von IgE-Antikörpern

frei im Blut zirkulierend

an Mastzellen und basophile Leukozyten gebunden

1. Zweitkontakt

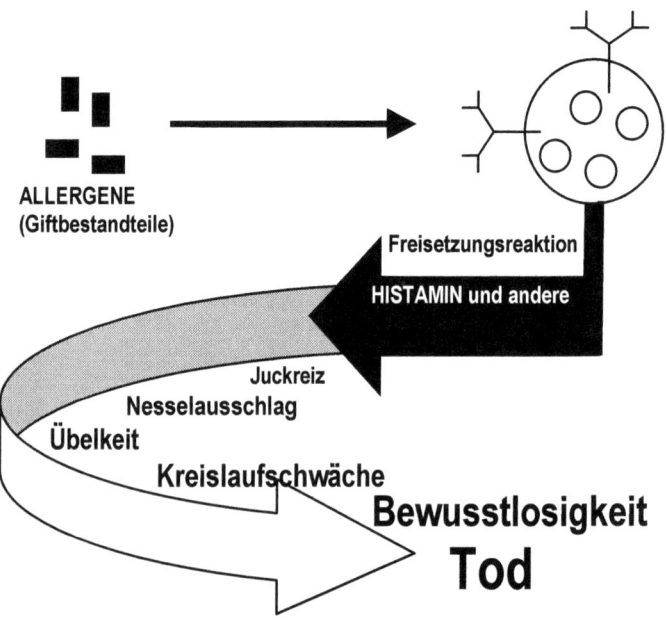

ALLERGENE
(Giftbestandteile)

Freisetzungsreaktion

HISTAMIN und andere

Juckreiz
Nesselausschlag
Übelkeit
Kreislaufschwäche
Bewusstlosigkeit
Tod

Werden mit raschen Bewegungen „Abwehrübungen"
gemacht, ist mit einer signifikanten Steigerung der
Aggressivität zu rechnen. Wer lässt sich schon gerne vom Futternapf vertreiben? Bienen und Wespen
verhalten sich da nicht anders als wir Menschen.

Hier ist „Aufpassen" die beste Lösung. Wer es nicht
aushält, sollte im Gebäude essen. Bezüglich Trinkgläsern gibt es jedoch ein sehr einfaches Mittelchen:
streichen Sie einfach mit einem Zitronenschnitz über
die Glasoberkanten. Dies hält Bienen und Wespen,
ja sogar Fliegen nachhaltig davon ab, den Weg in ihr
Getränk zu suchen.

Wer die nötige Musse und etwas Neugierde auf-
bringt, wird aber bei einem Frühstück mit Hautflüglern spannende Einblicke in deren Verhalten geniessen dürfen – und lernt erneut, über die uns so
fremden Lebensäusserungen dieser Mitgeschöpfe
zu staunen.

Machen Sie die Probe und zwingen Sie sich, ein
paar Minuten hinzuschauen. Ich bin überzeugt, dass
Sie anschliessend nicht (mehr) auf den Gedanken
kommen zu fragen, wie dies eine Studentin tat: *„Wie
kann man diese schrecklichen »Viecher« nur faszinierend finden?!?"* – Zu ihrer Ehrenrettung sei ge-
sagt, dass sie diese Einstellung radikal geändert hat,
nachdem sie meine Gifttiervorlesung genossen hatte. Lesen Sie doch die Geschichte von den Kegelschnecken im Kapitel „Schmerzhafter Auftritt", und
Sie können leicht nachvollziehen, *wie* faszinierend
Gifttiere sind...

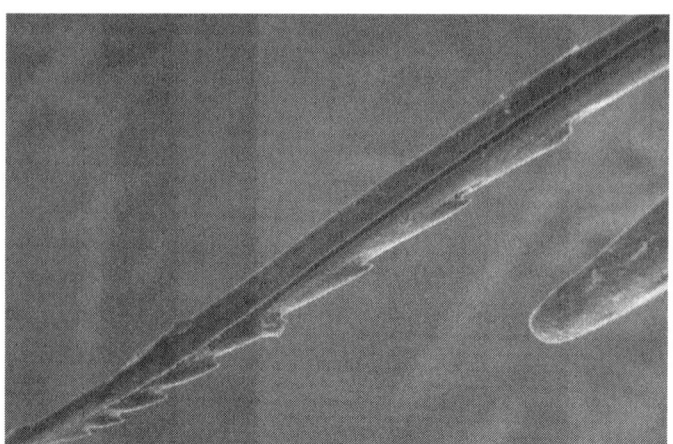

Stachel einer Honigbiene. Die starken Widerhaken führen dazu, dass der ganze Stechapparat aus der Biene herausgerissen wird und weiter Gift in die Wunde pumpt, wenn ein grosser Feind mit elastischer Haut gestochen wurde.
Unten: Stachel einer Wespe. Auch der Wespenstachel hat Widerhaken, die allerdings viel dezenter und anders ausgerichtet sind. Deshalb kann die Wespe den Stachels auch wieder herausziehen.

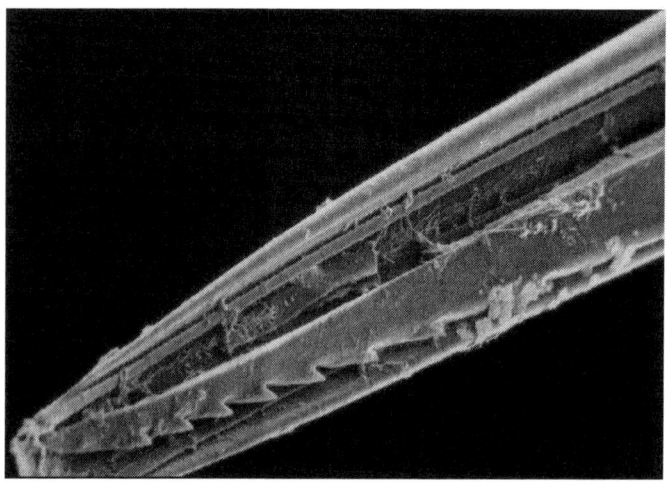

Bienen, Wespen, Ameisen ?

1. Stechen nur die weiblichen Tiere?

Ja. Der Giftstachel der Bienen und Wespen ist eine umgestaltete Eilegeröhre und deshalb nur bei Weibchen vorhanden. Wir finden heute bei den verschiedenen Hautflüglern noch alle Übergangsformen dieser faszinierenden Umwandlung. Bei den Pflanzenwespen (Unterordnung Symphyta) ist die Eilegeröhre als „Säge" ausgestaltet, die es ermöglicht, die Eier in pflanzliche Gewebe einzuführen. Bei den Schlupfwespen (Unterordnung Taillenwespen, Apocrita, Teilordnung Terebrantes) dient der Stachel dazu, im Rahmen der Brutfürsorge Wirtsorganismen für die Nachkommenschaft zu lähmen. Bei den höchstentwickelten, staatenbildenden Bienen und Ameisen wird der Stachel zur Verteidigung des Stockes benützt, weil die Brut im Rahmen der *Brutpflege* betreut und aufgezogen wird.

2. Wozu dienen die Gifte?

Die Gifte sind zum Teil ausserordentlich spezifisch und wirken – vor allem bei Schlupfwespen – oft nur auf ausgewählte Beuteorganismen, die den Nachkommen als Futterquelle dienen. Im Zusammenhang mit der Verteidigungsfunktion stehen Schmerzwirkungen im Vordergrund. Ein möglicher Feind wird durch den sofortigen starken Schmerz derart abgelenkt bzw. abgeschreckt, dass er, falls er lernfähig ist, künftig um die Bienen, Wespen oder Ameisen einen grossen Bogen machen wird.

Eine Schlupfwespe (*Rhyssa persuasoria*) sticht in das Holz.

Dabei wird ein Ei in die Raupe einer Riesenholzwespe gelegt, die diesem dann als Nahrung dient.

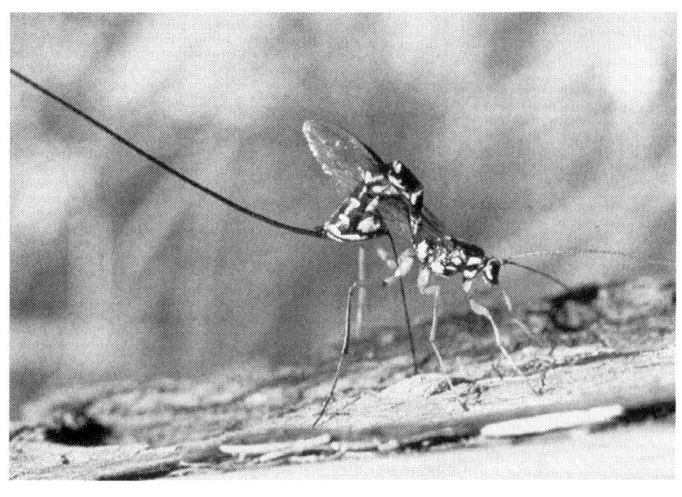

Unterschiedliche Bedeutung der Eilegeröhre bei Hautflüglern

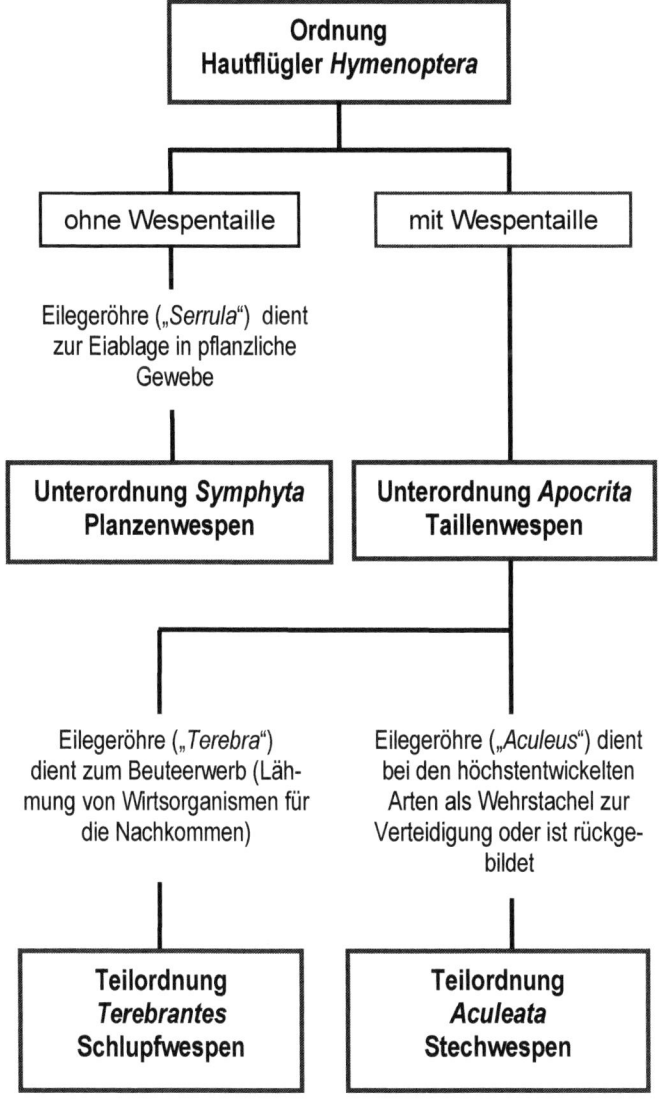

Ordnung Hautflügler *Hymenoptera*

ohne Wespentaille

Eilegeröhre („*Serrula*") dient zur Eiablage in pflanzliche Gewebe

Unterordnung *Symphyta* Planzenwespen

mit Wespentaille

Unterordnung *Apocrita* Taillenwespen

Eilegeröhre („*Terebra*") dient zum Beuteerwerb (Lähmung von Wirtsorganismen für die Nachkommen)

Teilordnung *Terebrantes* Schlupfwespen

Eilegeröhre („*Aculeus*") dient bei den höchstentwickelten Arten als Wehrstachel zur Verteidigung oder ist rückgebildet

Teilordnung *Aculeata* Stechwespen

3. Was ist bei einem Bienen- oder Wespenstich zu tun?

Die folgenden praktischen Massnahmen helfen, ohne zu schaden:

- Kühlen! Legen Sie einen Eisbeutel auf die anschwellende Stichstelle
- Aufgeschnittene Zwiebeln oder sogar Kartoffeln eignen sich, um übermäßige Schwellungen zu verringern
- Aspirin lindert die Wirkung des Stichs: Zwei Tabletten in wenig Wasser auflösen und die Paste auf die Stichstelle auftragen
- Essigsaure Tonerde oder kühle Umschläge mit Essigwasser lindern den Juckreiz
- Auch Arnika wirkt entzündungshemmend.

4. Entstehen Insektenstichallergien „schlagartig"?

Gottseidank in der Regel nicht. Üblicherweise entstehen solche Allergien allmählich, beginnend mit einer schweren Lokalreaktion nach einem Stich. Dies bedeutet, dass man kaum ohne „Vorwarnung" in eine lebensbedrohliche Situation kommt. Allerdings sollte man bereits beim ersten Auftreten einer schweren Lokalreaktion einen Arzt aufsuchen und das künftige Vorgehen planen.

5. Entwickeln Menschen, die „Heuschnupfen" haben, eher eine Insektenstichallergie?

Nein. Es wurde festgestellt, dass Menschen, die gegen Pflanzenpollen überempfindlich reagieren, nicht in höherem Masse zu Insektenstichallergien neigen als der Rest der Bevölkerung.

6. Was ist zu tun, wenn man auf Insektengifte allergisch reagiert?

Wer weiss, dass er auf Insektenstiche empfindlich reagiert, sollte sich einen Notfallkoffer beschaffen und stets bei sich tragen. Ein solches Notfallset enthält in der Regel:

- ein Adrenalin-Dosierspray oder eine Adrenalinspritze, um einen Blutdruckabfall zu verhindern

- eine entzündungshemmende Trinkflüssigkeit, wovon im Notfall etwa 30 Milliliter getrunken werden sollten

- ein Antihistaminikum in Tablettenform, das die Histaminrezeptoren im Körper für das ausgeschüttete Histamin unzugänglich macht

Wer unter einer starken Insektenstichallergie leidet, kann sich einer „Hyposensibilisierungstherapie" unterziehen.

7. Was versteht man unter einer „Hyposensibilisierungstherapie"?

Wer stark überempfindlich reagiert und bereits lebensbedrohliche Erlebnisse hinter sich hat, sollte sich einer Hyposensibilisierungstherapie unterziehen. Dabei wird der Körper langsam an das Allergen gewöhnt, indem steigende Konzentrationen eines verdünnten Insektengift-Extraktes unter die Haut gespritzt wird: In den ersten fünf bis sechs Tagen sollte dabei die Maximaldosis von 100 Milligramm pro Milliliter erreicht werden. Diese Dosis entspricht in etwa der eines Insektenstichs.

Die Behandlung erfolgt zunächst stationär, damit der Arzt sofort eingreifen kann, wenn eine lebensbedrohende allergische Wirkung eintreten sollte. Dann wird die Behandlung in immer größeren Zeitabständen ambulant weitergeführt. Um den aufgebauten Schutz nicht zu verlieren, muss die Behandlung über mindestens drei Jahre fortgeführt werden. Der große Aufwand lohnt sich, denn in mehr als 90 Prozent aller Fälle ist diese Therapie derart erfolgreich, dass die Lebensgefahr nach einem Bienen- oder Wespenstich gebannt ist.

8. Was passiert bei einer Vergiftung durch Ameisen?

Der Stechapparat unserer mitteleuropäischen Ameisenarten ist reduziert und ein Stachel fehlt. Dennoch kennen wir alle das brennende Gefühl, wenn uns im Schwimmbad Ameisen auf dem Badetuch heimsuchen. Ursache hierfür ist die „Ameisensäure", die, eingeträufelt in kleinste Hautrisse, eine schmerzerzeugende Wirkung hat. Die stachellosen Ameisen verfügen über ausserordentlich kräftige Mundzangen (Mandibeln), mit welchen sie uns die entsprechenden Verletzungen zufügen, bevor sie ihr Gift aus den noch vorhandenen Giftdrüsen im Hinterleib austreten lassen. Was uns nur schmerzt, hat übrigens gegenüber Gliederfüsslern eine viel stärkere Giftwirkung: Ameisensäure zersetzt ihren Chitinpanzer!

9. Gibt es noch Ameisen mit Giftstachel?

Bei den so genannten "kissing bugs" oder „fire ants" (Feuerameisen) in Afrika, Amerika, Mittelamerika und Australien ist grössere Vorsicht geboten. Diese verfügen noch über einen funktionsfähigen Giftstachel, der auch eingesetzt wird. Ihr Gift ist dem unserer einheimischen Bienen und Wespen sehr ähnlich und führt zu denselben Symptomen.

10. Was sollte man besonders beachten, um Bienen- und Wespenstichen vorzubeugen?

Mit folgenden Massnahmen können Sie sich Hautflügler weitgehend vom Leib halten:

- Tragen Sie keine blumigen, farbenfrohen Kleider: Diese ziehen Insekten förmlich an.

- Meiden Sie süsse Parfüms!

- Duschen Sie im Sommer regelmässig, denn Schweiss lockt Insekten an.

- Vorsicht auch beim Essen und Trinken im Freien. Besonders gefährlich sind Stiche im Mund oder Hals. Offene Getränkedosen und Flaschen sind wahre Insektenfallen, zumal gerade Wespen Limonade lieben!

- Halten Sie sich von Blüten fern.

- Schlagen Sie nicht mit den Armen um sich: Das macht besonders Wespen noch aggressiver .

- Beim Bienenstich: Der Stachel der Arbeitsbienen enthält starke Widerhaken, so dass beim Stich eines grossen Feindorganismus der ganze Stechapparat herausgerissen wird.

Entfernen Sie den Stachel mit der angehängten Giftblase komplett mit dem Fingernagel entsprechend der Zeichnung. Denn zum Stechapparat gehört ein autonomer Nervenknoten, der die Stechtätigkeit steuert und auch nach dem Abtrennen das Gift weiter in den Körper hineinpumpt.

Korrekte Entfernung des Stechapparates einer Biene

Schlangen für Berlin

„In Schlangenleder hast Du mir schon immer am besten gefallen, Liebling!"

Im Jahre 1988 folgte ich einer Einladung zu einem zweiwöchigen Aufenthalt an der Medizinischen Akademie in Erfurt. Mit dem dortigen Institut für Pharmakologie und Toxikologie hatten wir eine langjährige, freundschaftliche Beziehung aufgebaut. Ich hatte also kurz vor dem Zusammenbruch der DDR noch die Möglichkeit die "Segnungen" des real existierenden Sozialismus deutscher Prägung aus der Nähe zu betrachten. In lebhafter Erinnerung, und wichtig für das im Folgenden zu Beschreibende, blieb mir ein Ausflug, den ich gemeinsam mit Dr. Perlewitz, einem Parasitologen, per Bahn nach Berlin zum dortigen Tierpark Friedrichsfelde unternahm.

Kaum hatten wir im Zug Platz genommen, meinte Perlewitz lakonisch: *"Die Züge sind immer zu spät!"* Kurz vor Berlin, es mag wohl noch etwa eine halbe Stunde Fahrt vor uns gelegen haben, verlautete er: *"Es wäre das erste Mal, dass wir pünktlich ankommen."* Als hätte die Lokomotive dies gehört, blieb sie im offenen Felde stehen. Wir erreichten die Hauptstadt mit zwei Stunden Verspätung...

Am Bahnhof wurden wir von Dr. Falk Dathe, einem Sohn des legendären Gründers und langjährigen Direktors des Tierparks, Professor Heinrich Dathe, freundlich begrüsst. Auch er, gewöhnt an die Verhältnisse, trug die Verspätung mit der für einen "Wessi" ungewohnten Gelassenheit.

Der Tierpark - Park ist angesichts der majestätischen Grösse der Anlage der richtige Ausdruck - war und ist auch heute für den zoologisch und botanisch interessierten Besucher eine Offenbarung. Weitsichtig und clever liess Heinrich Dathe beim Aufbau des Tiergartens zunächst an jeder Ecke des riesigen Areals einige Tierhäuser bauen. Damit war der Rahmen im wahrsten Sinne des Wortes abgesteckt und das Regime hinfort nicht mehr in der Lage, dem Tierpark Land für andere Zwecke wegzunehmen.

Im Gegensatz zu den meisten europäischen Tiergärten schenkt man ausserdem der Haltung von Giftschlangen hier besondere Beachtung. Viele Verantwortliche von Tiergärten erachten es als zu gefährlich, Giftschlangen zu halten, was letztlich nur beweist, dass auch ihnen die Biologie dieser Tiere vergleichsweise fremd ist. Löwen, Tiger, Bären, Nashörner, Elefanten - um nur einige zu nennen - sind auch gefährlich, wenn man ihr Verhalten nicht kennt. Als sogenannte „Schautiere" – so nennt man die Publikumsmagneten - fehlen sie trotzdem fast in keinem Zoo...

Falk Dathe führte uns durch den Tierpark, zeigte uns alles und wir erlebten seine Gastfreundschaft bei einem ausgezeichneten Nachtessen bei ihm zu Hause.

ଔଔଔଔ

Ende 1988 entschied die Leitung des Schweizerischen Tropeninstitutes in Basel, auf die Haltung von Giftschlangen künftig zu verzichten. Ich wurde mit der Liquidation des Bestandes von vierzig Giftschlangen unterschiedlichster Arten beauftragt. Etliche Tiere wie etwa eine wunderschöne Nashornviper (*Bitis nasicornis*), eine Weisslippen-Bambusotter (*Trimeresurus albolabris*) und Seitenwinder-Klapperschlangen (*Crotalus cerastes*) übernahmen wir in unser firmeneigenes Serpentarium. Es blieben aber noch etwa fünfundzwanzig Schlangen übrig, darunter afrikanische Speikobras (*Naja nigricollis*), Puffottern (*Bitis arietans*) und indische Kraits (*Bun-

garus caeruleus), deren Haltung unsere Möglichkeiten überstieg.

Schnell war der Entschluss gefasst mit Berlin-Friedrichsfelde Kontakt aufzunehmen. Am Ostermontag 1989 flogen Paul Hössle, der Leiter unseres Serpentariums und ich mit ein paar Kisten lebender Giftschlangen im Gepäck mit der PanAm (die gibt es, wie die DDR, mittlerweile auch nicht mehr...) von Zürich nach Berlin-Tegel. Nachdem wir dort angekommen waren und die Giftschlangen im Hotelzimmer in Westberlin abgeladen hatten, besuchten wir das Aquarium und spazierten anschliessend stundenlang durch Berlin. Als wir am Brandenburger Tor die düsteren und gespenstisch anmutenden Anlagen der Berliner Mauer betrachteten, ahnte noch keiner, dass dieses Monument menschlichen Wahnsinns innerhalb weniger Monate fallen würde.

Anderntags kam der grosse Augenblick: am Übergang Berlin-Friedrichstrasse galt es, die innerdeutsche Grenze zu passieren. Von früheren Grenzüberschreitungen wusste ich um die oft demütigend anmutenden Schikanen, denen man hier ausgesetzt sein konnte. Wie überrascht waren wir diesmal, dass man uns ausgesprochen respektvoll entgegenkam. Ich bin überzeugt, dass die Aufschrift *"Achtung, lebende Giftschlangen"* auf unserem giftigen Gepäck Ursache dieses Umstandes war.

Wir blieben dann zwei Tage als Gäste des Tierparks im sozialistischen Musterland.

Falk Dathe und Klaus Dedekind, der seit Jahren die Giftschlangen betreuende Zootiermeister, liessen es sich nicht nehmen, uns ein Gegengeschenk auszurichten. So überschritten wir die innerdeutsche Grenze wiederum von Grenzbeamten unbehelligt mit

Giftschlangen im Gepäck: ein Paar ausgewachsene südamerikanische Schauerklapperschlangen (*Crotalus durrissus durrissus*) war diesmal unsere Begleiter. Auf dem Flughafen gaben wir die Schlangenkiste mit dem übrigen Gepäck auf und warteten auf unseren Abflug, als ich plötzlich über Lautsprecher ausgerufen wurde. Man führte uns in die Gepäckabfertigungshalle, wo vor einem der bekannten Röntgengeräte eine Ansammlung von Mitarbeitern des Flughafens gebannt auf den Bildschirm starrte. Wie unschwer festzustellen war, galt das Interesse unserer Schlangenkiste. Ich versuchte, anhand des Sichtbaren darauf hinzuweisen, dass es sich wirklich um zwei Schlangen handelte. *"Ja, aber was sind denn das für Kugeln aus elektronendichterem Material, die bei der Einen über weite Strecken des Körpers verteilt sind?"*, fragte ein Mitarbeiter der Gepäckkontrolle. *„Kann sein, dass sie gelegentlich Junge bekommt"*, antwortete ich etwas unsicher. Auf unser Vorschlag, die Kiste zu öffnen und die Tiere gegebenenfalls auszupacken, erhielten wir ein knappes *„Nicht nötig"*.

Mitte Mai wurden von besagtem Weibchen etliche Jungtiere zur Welt gebracht. Bei der Übergabe der Tiere hatte Falk Dathe gemeint, sie hätten in Berlin mit der Zucht von Schauerklapperschlangen bisher Pech gehabt. Er freute sich dann aber doch an „unserem" Zuchterfolg, der natürlich zweifelsfrei den Berlinern zuzuschreiben war.

⤜⤚⤙⤐

Wenige Jahre nach der Wende sollte die Schlangenhaltung des Tierparks in das (ehemals westliche) Berliner Aquarium umgesiedelt werden. Dies liess nicht nur unter der Belegschaft, sondern auch bei vielen Ostberlinern die Emotionen hochgehen. Als wir von der Sache hörten, entschlossen wir uns, als "neutrale" Schweizer in diese innerdeutsche, ja innerberlinerische Angelegenheit einzugreifen. Wir schrieben einen Brief an den Regierenden Bürgermeister von Berlin, Herrn Eberhard Diepgen.

Obwohl das freundliche Antwortschreiben nicht gerade ermutigend wirkte, wurde einige Tage später zur Euphorie der Mitarbeiter des Tierparks beschlossen, dass die Giftschlangenhaltung im Tierpark Friedrichsfelde verbleiben durfte. Wie mir später mitgeteilt wurde, sollen die „Reaktionen aus Fachkreisen des benachbarten Auslandes" zu diesem Beschluss wesentlich beigetragen haben.

Wie dem letztlich auch sei, wenn Sie je nach Berlin kommen sollten, besuchen Sie den (West-)Berliner Zoo und den (Ost-)Berliner Tierpark und schauen Sie unbedingt bei den Giftschlangen vorbei. Eine grössere Giftschlangensammlung finden Sie zur Zeit in keinem Zoo Europas. Ausserdem verfügen die beiden Berliner Zoos zusammen mit dem Berliner Aquarium über den artenreichsten Tierbestand aller Tiergärten der Welt.

Südamerikanische Schauerklapperschlange (*Crotalus durrissus*)

Kopf einer zentralbrasilianischen Lanzenotter *(Bothrops moojeni)*. Beachten Sie das Grubenorgan (Pfeil)

Schlangen allgemein ❓

1. Wie viele Giftschlangen gibt es überhaupt?

Weltweit gibt es heute ungefähr 4000 verschiedene Schlangenarten. Diese werden in 11 Schlangenfamilien eingeteilt. Medizinisch bedeutsame, das heisst für den Menschen gefährliche Giftschlangen finden wir nur in vier dieser Familien. Bei den als „ungiftig" geltenden, weil für uns ungefährlichen Nattern (Familie Colubridae) sind es etwa 20 Arten, die beim Menschen Vergiftungssymptome hervorrufen können. Alle Vertreter der Giftnattern (Familie Elapidae), der Vipern (Familie Viperidae) und der Erdvipern (Familie Atractaspididae) müssen wir als medizinisch bedeutsam einschätzen. Damit können etwa zehn Prozent aller Schlangenarten beim Menschen nach einem Biss Vergiftungssymptome hervorrufen.

2. Was macht eine Giftschlange medizinisch bedeutsam?

Es ist die Beschaffenheit der Zähne, die eine Schlange medizinisch bedeutsam macht. Viele Schlangen die wir „ungiftig" nennen, weil sie für uns ungefährlich sind, besitzen giftproduzierende Drüsen. Harmlos sind sie für uns deshalb, weil sie über keine eigentlichen Giftzähne verfügen, die eine effiziente Giftinjektion ermöglichen. Diesen **aglyphen Giftapparat** („aglyph" für: *ungefurchte Zähne*) finden wir auch bei vielen Nattern. Nur etwa ein Dutzend der sogenannten „Trugnattern" (da Nattern allgemein ungefährlich sind und deshalb als „ungiftig" gelten, gibt es einige „Betrüger", deren Biss dem Menschen Schaden kann...) können beim Menschen zu Vergiftungssymptomen führen. Dies deshalb, weil sie zuhinterst im Oberkiefer lange, an der Vorderseite gefurchte Giftzähne besitzen. Durch die Giftrinne kann das Gift injiziert werden. „Trugnattern" besitzen deshalb einen **opisthoglyphen Giftapparat** („opisthoglyph" für: *an der Vorderseite gefurchte Giftzähne, hinten im Oberkiefer*).

Warum aber haben denn Nattern Gifte, wenn sie doch keinen Schaden anrichten? – Nun, ursprünglich dient das Schlangengift, das ja einfach ein spezieller Speichel ist, der Verdauungsförderung. Diese Aufgabe nimmt das Gift der „ungiftigen" (sprich: „für den Menschen harmlosen") Nattern selbstverständlich auch heute wahr.

Die Giftnattern (Familie Elapidae), zu denen beispielsweise die Kobras, Mambas und alle Seeschlangen des Indopazifiks zählen, haben zuvorderst im Oberkiefer Giftzähne, deren Giftrinne praktisch geschlossen ist. Hier kann das Gift bereits wie mit einer Kanüle in einen Beute- oder Feindorganismus verbracht werden. Wir sprechen von einem **proteroglyphen Giftapparat** („proteroglyph" für: *gefurchte Giftzähne, vorne im Oberkiefer*).

Die kompliziertesten Giftzähne schliesslich besitzen die Vipern und Grubenottern (Familie Viperidae). Nur noch eine kaum sichtbare „Naht" erinnert daran, dass sich diese „Injektionskanüle" aus einer Rinne entwickelt hat. Die Giftzähne sind überdies enorm verlängert, weil sie sich im Mund zurückklappen lassen. Beim Giftbiss stellt die Schlange die Giftzähne auf und rammt sie tief in die Beute ein. Man spricht

hier von einem **solenoglyphen Giftapparat** („sole-
noglyph" für: *röhrenartig gefurchte Giftzähne*).

Nicht bei jedem Biss wird notwendigerweise Gift
abgegeben. Die Schlange kann dies steuern. So
kommt es durchaus vor, dass ein Biss, der in Notwehr abgegeben wurde, zu keinerlei Vergiftungserscheinungen führt, weil schlicht kein Gift abgegeben
wurde. Da Schlangen ihr Gift primär im Zusammenhang mit dem Beuteerwerb benötigen und nur über
vergleichsweise bescheidene Giftmengen verfügen,
erstaunt es nicht, dass zur Abschreckung von Feinden
meist nur wenig oder überhaupt kein Gift abgegeben
wird.

3.   Greifen Schlangen Menschen an?

Keine Schlange greift von sich aus einen Menschen
an. In dieser Hinsicht benehmen sich Schlangen wie
alle übrigen Tiere: Flucht wird dem Angriff stets vor-
gezogen. In einer Situation, in der sich ein Tier in die
Enge gedrängt fühlt, wird es sich jedoch im Sinne der
Notwehr durchaus auch einmal so verhalten, dass es
aus Sicht des Betroffenen wie ein Angriff aussehen
kann. Ich bleibe aber dabei: keine Schlange, ja überhaupt kein Tier, greift den Menschen an. Angriffe
sind stets als Notwehrreaktion zu sehen.

*Aus diesem Grund sind auch alle Gifttierunfälle die
Folge von menschlichem Fehlverhalten und deshalb grundsätzlich vermeidbar.*

Verschiedene Giftzähne bei Schlangen

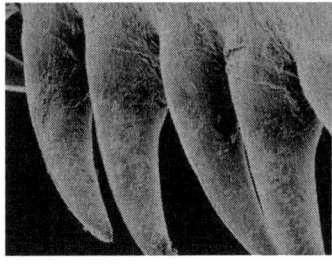 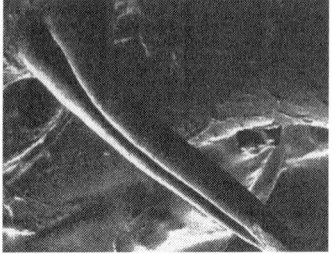

Kegelzähne einer harmlosen **Natter** (aglypher Giftapparat)

Gefurchter Giftzahn zuhinterst im Oberkiefer einer „**Trugnatter**" (opisthoglypher Giftapparat)

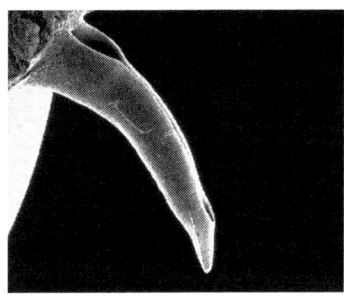 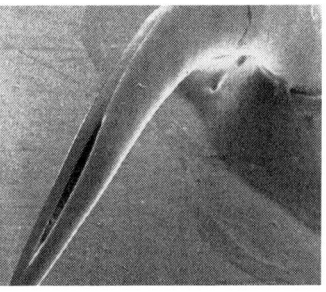

Giftzahn mit geschlossener Furche zuvorderst im Oberkiefer einer **Giftnatter** (proteroglypher Giftapparat)

Rückklappbarer Giftzahn („Röhrenzahn") zuvorderst im Oberkiefer einer **Viper** (solenoglypher Giftapparat)

4. In welchen Regionen der Erde gibt es viele Gift-schlangenbissunfälle?

Eigentlich braucht es dazu zwei Voraussetzungen: *erstens* muss es in der Region viele Giftschlangen haben. Damit kommen tropische Gebiete in Frage. *Zweitens* muss das Verhalten der Menschen Bissunfälle begünstigen. Mehr als neunzig Prozent aller Giftschlangenbisse gehen in die Füsse oder in die Hände. Die Füsse sind besonders gefährdet, wenn man barfuss geht. Die Hände werden bei Feldarbeiten besonders exponiert. Damit sind ländliche Gegenden in den Tropen die Orte, wo Giftschlangenbissunfälle gehäuft zu erwarten sind.

5. Sind Giftschlangenbissvergiftungen stets lebensgefährlich?

Es mag Sie erstaunen, aber nur der kleinere Teil von Giftschlangenbissunfällen geht mit schweren oder sogar lebensbedrohlichen Symptomen einher. Dies eben deshalb, weil die Tiere in Notwehr nur wenig Gift abgeben. Kommt noch eine der Situation angepasste, richtige medizinische Behandlung dazu, beträgt die Todesfallrate oft nicht einmal ein Prozent.

Nicht berücksichtigt sind bei dieser Betrachtung allerdings chronische Schäden, die entstehen können. So ist es durchaus möglich, dass die verdauungsfördernde Wirkung von Viperngiften zur Auflösung ganzer Gewebebezirke in der Bissregion führen kann. So manche Hand war nach einem entsprechenden Erlebnis nicht mehr auf normale Weise zu gebrauchen. Es lohnt sich also in jedem Fall dafür zu sorgen, dass es gar nicht erst zu einem Bissunfall kommen kann.

6. Wie äussern sich Giftschlangenbissvergiftungen?

Die Angst des Betroffenen und seiner Umgebung ist wahrscheinlich eines der ersten Symptome. Daneben kommt es oft sehr schnell zu Schmerzen an der Bissstelle, die über den Rest des Körpers ausstrahlen. Bei Vipernbissen ist oft mit starken Schwellungen zu rechnen, die später zu Nekrosen (Absterben von Gewebe) führen können. Je nach Schwere der Vergiftung entwickeln sich in der Folge Allgemeinsymptome wie Übelkeit, Erbrechen, Durchfall. Störungen der Blutgerinnung führen nach Vipernbissen oft zu Kreislaufproblemen bis hin zum lebensbedrohlichen Kreislaufschock. Nach Giftnatternbissen stehen neurotoxische Symptome, also Störungen des Nervensystems, im Vordergrund. Zunächst vermag der Patient die Augenlider nicht mehr anzuheben, weil die zarten Muskeln, die hierfür verantwortlich sind, als erste Lähmungszeichen zeigen. Im Extremfall kommt es schliesslich zur totalen Atemlähmung, die unbehandelt zum Tod führt.

7. Wie schnell entstehen Symptome nach Giftschlangenbissvergiftungen?

Glücklicherweise entwickeln sich beim Menschen die meisten Symptome nach Giftschlangenbissen relativ langsam. Es bleibt also meist eine vergleichsweise grosse Frist von einigen Stunden, die man sinnvollerweise dazu benützt, den nächstgelegenen Arzt aufzusuchen. Obwohl die meisten Giftschlangenbissunfälle glimpflich verlaufen, ist stets auch mit einer lebensbedrohlichen Vergiftung zu rechnen. Deshalb ist ein Arztbesuch immer zu empfehlen. Dieser wird neben einer Reinigung und Desinfektion der Bisswunde und einer Tetanusspritze als Sicherheitsmassnahme sein Augenmerk vor allem auf die

Blutgerinnung und allfällige Nervengiftsymptome richten.

8. Wie behandelt der Arzt eine Giftschlangenbissvergiftung?

Falls kein spezifisches „Gegengift" (wissenschaftlich: Antivenin oder Immunserum) zur Verfügung steht, richtet sich die Behandlung nur nach den auftretenden Symptomen.

9. Sind Immunseren gegen Giftschlangenbiss überall erhältlich?

Leider sind Schlangengift-Antivenine immer weniger erhältlich. Dies deshalb, weil dort, wo diese teuren Medikamente bezahlt werden könnten, kaum Giftschlangenbissunfälle geschehen. Dort, wo sie benötigt würden, können sie andererseits kaum bezahlt werden. Die meisten europäischen Firmen, die solche Antivenine früher hergestellt hatten, haben in der Zwischenzeit auf dieses unrentable Geschäft verzichtet. Früher, zur Zeit der Kolonialreiche, war die Situation natürlich anders, galt es doch die „eigene Bevölkerung" im Tropenland zu schützen.

In manchen tropischen Ländern werden jedoch zum Schutz der Bevölkerung eigene Antivenine hergestellt. Beispielhaft seien hier Indien und manche Länder Zentral- und Südamerikas genannt.

10. Wie stellt man ein Antivenin her und wie wirkt es?

Die spezifische Behandlung einer lebensbedrohlichen Vergiftung nach einem Gifttierunfall besteht in der Anwendung von Antiveninen („Gegengifte", „Antiseren"). Antivenine sind immunbiologische

Produkte, die hergestellt werden, indem man einem grossen Lebewesen das entsprechende Gift in einer derart geringen Dosierung appliziert, dass es zu keiner gesundheitlichen Beeinträchtigung kommt. Die Gegenwart des Giftes als Fremdstoff („Antigen") regt den Körper des betreffenden Lebewesens zur Bildung von Molekülen (Immunglobuline, Antikörper) an. Diese erkennen den Fremdstoff anhand von Oberflächenmerkmalen und können ihn neutralisieren (unschädlich machen).

Durch steigende Dosierung des Giftes in festgelegten Abständen wird der Körper zur Bildung einer Riesenmenge von Immunglobulinen angeregt, es entsteht ein sogenanntes „Hyperimmunserum".

Schliesslich wird dem Lebewesen eine verträgliche Menge Blut abgenommen. Daraus wird dann das Serum isoliert und gereinigt. In Ampullen abgefüllt kommen solche Antivenine auf den Markt. Aus wirtschaftlichen Gründen werden grosse Tiere (meist Pferde) als Spendertiere ausgewählt, da diesen eine beträchtliche Menge Blut ohne gesundheitliche Folgen abgenommen werden kann.

Zeigt ein Patient nach einem Gifttierunfall lebensbedrohliche Vergiftungssymptome, so wird ihm das Antivenin durch einen Arzt intravenös, vorzugsweise in Form einer Infusion appliziert. Die im Antivenin vorhandenen spezifischen Antikörper neutralisieren in der Folge anwesende Giftbestandteile durch Bildung eines Immunkomplexes und hemmen dadurch deren Giftwirkung im Organismus des Patienten.

Da Antivenine von Tieren gewonnen werden, handelt es sich für den Menschen um heterologe Seren, die ihrerseits vom menschlichen Immunsystem als Fremdstoffe erkannt werden. Als Folge einer Antiveningabe tritt deshalb nach etwa sechs bis zehn Tagen oft die sogenannte **Serumkrankheit** auf, weil bei gleichzeitigem, mässigem Antigenüberschuss Immunkomplexe vorhanden sind. Die Folge sind plötzliches Fieber, Serumexanthem (Nesselausschlag, Juckreiz) und gelegentlich auftretende Serumarthritis (flüchtige, schubweise Gelenkentzündung).

Die Abbildung auf der folgenden Seite zeigt das Prinzip der Antiveninherstellung.

Indische Kobra oder Brillenschlange *(Naja naja naja)* .
Sie warnt, indem sie sich aufrichtet und den Nacken abspreizt.

Prinzip der Herstellung von Antiveninen

Antigen (Gift)

Erste Immunisierung
mit wenig Gift

Produktion erster
Antikörper durch das
Immunsystem

Weitere Immunisierungen
mit steigenden Giftmengen

Produktion einer
Riesenmenge spezifi-
scher Antikörper

Gewinnung des
Hyperimmunserums

Blutentnahme

Antikörperhaltiges
Blut wird gereinigt

ANTIVENIN

Mit Giftschlangen
unterwegs

„Ich zähle bis drei – dann klappern wir alle gemeinsam!"

Erstmals verpackte ich Giftschlangen zusammen mit Heidi Sandoz im Januar 1981. Heidi ist die Geschäftsführerin der Pentapharm do Brasil. Es galt, die damals noch bescheidene Zucht von 150 zentralbrasilianischen Lanzenottern *(Bothrops moojeni)* von São Paulo nach Uberlândia, Minas Gerais in unser neues Serpentarium zu bringen. Die Sache ist an sich einfach: man verpacke jede Schlange einzeln in ein Leinensäckchen, verschliesse dieses und nagle das Säckchen an die Innenwand einer Holzkiste. Selbstverständlich werden in die Kisten ein paar kleine Luftlöcher gebohrt, damit die Zufuhr an Atemluft gewährleistet ist. Auf diese Weise brachten wir nach zweitägiger Packarbeit die Schlangen und 750 weisse Mäuse als Futtertiere über die 600 km lange Distanz wohlbehalten an ihr neues Domizil. Die Mäuse waren natürlich auch in Kisten, allerdings nicht an die Wand genagelt. Bis auf eine einzige Schlange überlebten alle.

☙☙☙☙☙

In der Zwischenzeit brachte ich mehrmals Giftschlangen von Brasilien nach Europa. Fluggesellschaften sind mittlerweile auch leichter von der Tauglichkeit der Kistenmethode zu überzeugen. Diese Technik habe ich mit meinen Kollegen in einer Veröffentlichung unter dem Titel „Unfallverhütung bei der Haltung und Pflege von Giftschlangen" detailliert beschrieben.

Es ist allerdings schon unglaublich, auf welche Weise Gifttiere oft ihre Besitzer wechseln. Als ich vor einigen Jahren im Tierpark Berlin-Friedrichsfelde einen Vortrag vor den Tierparkfreunden hielt, waren meine Ausführungen zum Thema Giftschlangen-

So verpackt man Giftschlangen

Man lässt die Giftschlange mit dem Schlangenhaken gefahrlos in den vorbereiteten Leinensack gleiten

Der Leinensack wird verschlossen, indem man die vorbereitete Schnur zuzieht und verknüpft

Die Giftschlange ist verpackt und der Leinensack kann nun mit der Schlaufe an die Wand einer Holzkiste genagelt werden

150 *Bothrops moojeni* (zentralbrasilianische Lanzenottern) sind zum Transport bereit

haltung wohl nicht allen Teilnehmern spannend genug. Dezent wurde da und dort aus der Hosentasche ein kleines Kunststoffgefäss mit hochgiftigem Inhalt hervorgezogen und dem Tischnachbarn zur Begutachtung rübergeschoben. Der privaten Gifttierhaltung widmen wir uns noch ausführlich in Kapitel „Schlangenfang im Wohnzimmer".

ยิ๙ยิ๙ยยยย

Im Zusammenhang mit Gifttiertransporten verdient Professor Frantisek Kornalik aus Prag besondere Erwähnung. Kennen Sie Jaroslav Hasek's „Die Abenteuer des braven Soldaten Schweik?" – dann kennen Sie auch Franzl, wie wir Kornalik alle nennen. Als im August 1968 die russischen Panzer den tschechoslowakischen Traum eines Sozialismus mit freundlichem Gesicht überrollten und wir als Schulkinder mit kleinen tschechischen Fähnchen in der Schulpause „Dubček, Svoboda" skandierten, war Franzl mit seiner Frau gerade als Gastprofessor in Giessen. Selbstverständlich hatte man ihm dort als Pathophysiologen sofort eine feste Professorenstelle angeboten. Doch hätten er und seine Frau ihre betagten Eltern in Prag zurücklassen müssen. Das taten sie nicht, sondern kehrten – unbegreiflich für viele – nach Prag zurück. Wahrscheinlich haben sich sogar die tschechischen Kommunisten gedacht, so einer müsse „behämmert" sein – immerhin konnte Franzl hinfort sogar gemeinsam mit seiner Frau zu Kongressen in den Westen fahren, wann immer sie wollten. (In Wirklichkeit hiess das natürlich, sofern sie jemanden fanden, der ihnen die Reise bezahlte. Das war damals stets die kommunistische Art, Wissenschaftlern Auslandsaufenthalte zu ermöglichen).

Nun ja, Franzl war natürlich nicht „behämmert" – sondern ein richtiger Schweik. Hatte er etwas im Gepäck, was er vor den Grenzbeamten verstecken wollte, war immer eine Giftschlange dabei. Natürlich auch in einem Säckchen, eingelagert in einer Alu-Kiste. So liess sich das Tier eindrücklicher vorführen, bewegte sich doch der Sack, wenn man ihn leicht schüttelnd dem verblüfften Zöllner unter die Nase hielt.

Als er einmal mit dem Auto Richtung Basel unterwegs war um am Schweizerischen Tropeninstitut einen Vortrag über „Ecarin" – dies ist ein Eiweiss, das menschliches Thrombin im Blut aktiviert und in der medizinischen Diagnostik genutzt werden kann – zu halten, hatte er eine Sandviper *(Vipera ammodytes)* im Säckchen. Diese Schlangen sind medizinisch bedeutsam und ihr Biss ist sehr unangenehm. Nachdem Franzl das Säckchen am Grenzübergang sogar geöffnet hatte, um die Schlange zu zeigen, verschloss er es wieder sorgfältig. Weniger sorgfältig legte er das Säckchen in die Alu-Kiste zurück, denn dabei wurde er durch den Sack hindurch in den Finger gebissen. Typisch für ihn: er liess sich natürlich nichts anmerken, verabschiedete sich freundlich – wahrscheinlich auch schwitzend – um sich bei nächster Gelegenheit selbst zu verarzten. Dies war nötig, denn innerhalb von dreissig Minuten schwoll der Arm bis zur Schulter hoch an.

Den Vortrag in Basel hielt er bandagiert und mit einem ordentlich aufgeschwollenen Arm. Die ungeteilte Aufmerksam des Publikums war ihm natürlich gewiss...

Schlangengifte

?

1. Gibt es unterschiedliche Schlangengifte?

Ja. Jede Giftschlangenart verfügt über ein anderes Gift. Selbst verschiedene Populationen derselben Schlangenart können unterschiedliche Giftzusammensetzungen aufweisen. Und wenn in einer Population das Gift beispielsweise aus zwanzig verschiedenen Bestandteilen besteht, dann können die Mengen der einzelnen Bestandteile von Individuum zu Individuum variieren. Auch altersabhängige Unterschiede in der Giftzusammensetzung kommen vor.

Die Bestandteile, die für die Giftwirkung verantwortlich sind, gehören alle zu den Eiweissen (Proteinen). Eiweisse können von unseren Verdauungssäften aufgeschlossen werden. Aus diesem Grund wirken Schlangengifte nicht, wenn man sie essen würde. Sie wirken nur, wenn sie „parenteral", also am Magendarmtrakt vorbei in den Körper gelangen.

2. Wie wirken die Gifte der Giftnattern?

Zur Familie der Giftnattern (Elapidae) zählen wir so bekannte Arten wie die Indische Kobra, die afrikanischen Mambas und alle Giftschlangen Australiens. Giftnatterngifte wirken neurotoxisch: sie machen Beutetiere durch Atemlähmung bewegungsunfähig. Derart immobilisiert können Beutetiere dann leicht verschlungen werden. Auch bei Menschen, die von Giftnattern gebissen wurden, kann es zu Lähmungserscheinungen kommen. In Australien war ein Patient nach einem Biss durch eine Giftnatter derart stark gelähmt, dass er während sechs Wochen künstlich beatmet werden musste!

3. Wie wirken die Gifte der Vipern?

Die Gifte der Vipern und Grubenottern (Familie Viperidae) wirken vorwiegend haemo-cytotoxisch. Sie führen beim Beutetier zu einem Kreislaufschock, indem sie das Blutgerinnungssystem auf mannigfaltige Weise schädigend beeinflussen können. Hinzu kommen starke gewebezersetzende Lokalwirkungen an der Bissstelle. Damit wird auch aufgezeigt, dass die ursprüngliche biologische Funktion der Schlangengifte in der Förderung der Verdauung zu sehen ist.

4. Was ist eine „Grubenotter"?

Die Grubenottern (Unterfamilie Crotalinae), zu denen auch alle Klapperschlangen zählen, besitzen zwischen Auge und Nasenloch eine eigenartige Vertiefung, das Grubenorgan. Es handelt sich hierbei um ein Temperaturfernsinnesorgan, mit dem die Schlangen Temperaturunterschiede im Bereich von Hundertstelgraden wahrnehmen können. Eine Grubenotter ist deshalb in der Lage, ein warmblütiges Beutetier in absoluter Dunkelheit mit diesen „Infrarotaugen" zu sehen.

5. Soll man Giftschlangen in die Hand nehmen?

Es gibt nur zwei Gründe, eine Giftschlange in die Hand zu nehmen: *erstens*, wenn man ihr Gift abnehmen will und *zweitens*, wenn man sie medizinisch behandeln muss. Grundsätzlich wird das Tier so fixiert, dass es keine Möglichkeit zum Zubeissen hat. Erst dann wird man es mit einer Hand unmittelbar hinter dem Kopf anfassen. Wer Giftschlangen anfasst, ohne ihnen zuvor die Möglichkeit zum Beissen genommen zu haben, handelt in jedem Fall verantwortungslos.

6. Wie entnimmt man einer Schlange das Gift?

Die Schlange wird fixiert, indem man sie mit einem Haken am Kopf zu Boden drückt. Dann wird sie mit einer Hand hinter dem Kopf gepackt. Schliesslich lässt man sie in ein Gefäss beissen, das vorzugsweise aus weichem Kunststoff besteht. Damit minimiert man die Verletzungsgefahr für das Tier. Durch Massage der Giftdrüsen, die umgewandelte Speicheldrüsen sind und sich im hinteren Teil des Oberkiefer befinden, kann man das Gift auspressen.

7. Ist Schlangengift unbeschränkt haltbar?

Im flüssigen Zustand zersetzt sich Schlangengift relativ rasch und verliert seine Aktivität. Um Schlangengifte praktisch unbeschränkt aufbewahren zu können, müssen sie getrocknet werden. Dies lässt sich schon durch Trocknen an der Sonne erreichen. Besser sind allerdings Vakuum- oder Gefriertrocknungsverfahren.

Das getrocknete Schlangengift ist ein amorphes Pulver von weisser oder gelber Farbe. Die Gelbfärbung von Schlangengiften wird von einem Giftbestandteil, der *l*-Aminosäureoxidase, hervorgerufen. Diese sorgt unter anderem dafür, dass solche Schlangengifte Bakterien abzutöten vermögen.

8. Wie lange dauert es, bis eine Schlange das Gift wieder hergestellt hat?

Ist eine Giftdrüse weitgehend geleert, dauert es etwa drei Wochen, bis sie wieder völlig gefüllt ist. Zum einen werden die einzelnen Giftbestandteile *asynchron*, das heisst, nicht gleichzeitig hergestellt. Zum anderen braucht es diese Zeit auch, bis die Drüse ganz gefüllt ist. Nimmt man den Schlangen das Gift in kürzeren Zeitintervallen ab, erhält man weniger Gift, weil es den Tieren einfach nicht reicht, den Nachschub zeitgerecht bereitzustellen.

9. Wieviel Gift hat eine Schlange in den Giftdrüsen?

Dies hängt ursächlich von der Grösse der Schlange ab. Sehr grosse Tiere können bis zu einem Gramm Gift in ihren Drüsen speichern, während kleine und junge Schlangen oft nur wenige Milligramm Gift abgeben können. Weil der Giftvorrat der Schlangen also beschränkt ist, geben sie bei Bedrohung oft nur wenig oder gar kein Gift ab. Deshalb verlaufen viele Giftschlangenbissunfälle vergleichsweise glimpflich. Oft kommt es nur zu Lokalsymptomen, wie Schmerz und Schwellungen.

10. Wie viele unterschiedliche Bestandteile hat es in Schlangengiften?

Man hat in Schlangengiften schon vierzig und mehr verschiedene Giftbestandteile gefunden. Oft wirken diese *synergistisch*, das heisst, sie führen im Zusammenspiel zu den schädigenden Giftwirkungen. Beispielsweise macht ein Giftbestandteil das Blut ungerinnbar. Ein anderer Bestandteil des Giftes „öffnet" die Blutgefässe. Dadurch kommt es zu massiven Blutungen, die einen Kreislaufschock verursachen. Bei unterschiedlichen Beutetieren kann dasselbe Gift unterschiedliche Wirkungen entfalten. Die meisten Vögel beispielsweise haben in ihrem Blut kein Fibrinolysesystem und können deshalb Blutgerinnsel nur schlecht wieder auflösen. Ein Schlangengift, das im Säugetier zu Blutungen führt, kann deshalb einen Vogel immobilisieren, indem es sein Blut verklumpt.

In der Regel sind die Gifte dem Beutespektrum angepasst und wirken spezifisch auf die entsprechenden lebenswichtigen Organsysteme der Beutetiere. Man kann also durchaus von einer Co-Evolution zwischen der Schlange als dem Raubtier und den von der Schlange bevorzugten Beuteorganismen sprechen.

Die harmlose Vipernatter *(Natrix maura)* **ernährt sich auch von Fischen.**

Schlangenfang
im Wohnzimmer

„Typisch – sie ist ganz deine Mutter!"

Paul Loosli ist ein interessanter Zeitgenosse. Er rühmt sich mit Recht, zu seiner Zeit der einzige "weisse Fakir" gewesen zu sein, der auf dem Nagelbrett mit dem Seil hüpfen konnte. Hin und wieder pflegt er auch Damen im Gespräch damit zu erschrecken, dass er Bilder zeigt, auf welchen er sich mit einem Hammer Nägel durch die Hände treibt. Auch hat er sich einmal mit einem Säbel den Brustkorb durchstossen. Dies alles ist nicht Jägerlatein, sondern belegbar.

Paul Loosli hält zu Hause im Wohnzimmer auch ein paar Giftschlangen, Vogelspinnen und Skorpione. Er tut dies – im Gegensatz zu vielen anderen privaten Gifttierhaltern – ausgesprochen seriös und verfügt über eine entsprechende Haltungsbewilligung. Weil er bereits im neunten Lebensjahrzehnt steht, hat er vor einigen Jahren über seinen Notar festgelegt, dass ich sofort benachrichtigt werde, wenn er einmal sterben sollte. Das nenne ich weitsichtige und verantwortungsvolle Planung. Seine Tochter sieht sich nämlich ausserstande, die Schlangen zu „entsorgen", wenn es einmal soweit sein wird. Ich denke, das kann man verstehen.

Vor einigen Jahren erreichte mich eines Tages ein Telefonanruf. Voller Freude teilte Paul mit, dass seine Sandrasselottern Junge gekriegt hätten – sechs Stück an der Zahl. Wir freuten uns mit ihm. Wenige Tage später kam ein weiterer Anruf. Zerknirscht teilte Paul mir mit, dass die sechs Jungen aus ihrem Käfig ausgerissen seien.

Da war nun guter Rat wahrhaftig teuer. Nicht auszudenken, wenn sich die wurmgrossen, doch bereits von Geburt an stark giftigen Sandrasselötterchen über das Mehrfamilienhaus verteilen sollten. (Dass junge Sandrasselottern giftiger sind als die erwachsenen Tiere, habe ich im Rahmen meiner Diplomarbeit nachweisen können. Damit scheinen die Jungschlangen die kleineren Giftmengen zu kompensieren, über die sie verfügen.)

Das Heizverhalten des Schweizer Staatsbürgers würde auch in den Wintermonaten ein Klima schaffen, das dem Wohlbefinden von tropischen Giftschlangen förderlich bleibt. Um mangelnde Nahrung musste man sich auch keine Sorgen machen, dürfte doch kein Altbau absolut mäusefrei sein. So einfach „finden" lassen sich einmal entrissenen Giftschlangen auch nicht. Während meiner Assistenzzeit am Schweizerischen Tropeninstitut lebte eine Sandrasselotter einmal ein Vierteljahr frei im „Schlangenkongo", nachdem sie aus einem nicht richtig verschlossenen Terrarium entwichen war. Wir suchten wie wild, fanden sie schliesslich aber eher zufällig und – eben nach geraumer Zeit.

Was also tun?

Bewaffnet mit einem Kunststoffkäfig, in dem zwei weisse Mäuse sassen, und mit etwa zwei Meter doppelseitig klebendem Teppichbefestigungsband machten wir uns auf den Weg.
Mitten im Wohnzimmer von Paul wurde der Mäusekäfig auf den Boden gestellt und anschliessend von einem Quadrat aus Klebeband umgeben. Als müsste ein Spannteppich aufgeklebt werden, wurde die Klebschicht auch auf der oberen Seite freigelegt. Wir hofften nämlich, dass sich die Schlangen, angezogen vom Geruch „frischer" Mäuse Richtung Mäusekäfig aufmachen würden – um schliesslich am Klebeband hängen zu bleiben.

Wenn Sie bibelfest sein sollten (was heute leider immer weniger Menschen sind), dann kennen Sie das Paulus-Wort: *„Hoffnung aber lässt nicht zuschanden werden..."* (Römer 5, 5). Und so war es denn auch. Am andern Morgen klebten die sechs Ausreisser allesamt auf dem Klebeband und konnten „geerntet" werden. Uns allen fiel ein Riesenstein vom Herzen.

ⓐⓐⓡⓡ

Nicht alle Giftschlangenhalter betreiben ihr Hobby ähnlich seriös wie Paul Loosli. Da und dort scheinen Gifttiere dem Besitzer zu helfen, Persönlichkeitsprobleme zu überspielen. Na ja – mit einer Kobra zu Hause wird man schnell einmal zum Mittelpunkt jedes Stammtischgespräches. Die privaten Giftschlangenhalter sorgen dafür, dass auch in einem Land wie der Schweiz immer mal wieder Gifttierunfälle ernster Natur zu behandeln sind. Da die mitteleuropäischen Ärzte mit dieser Art von Hilfeleistungen nicht allzu vertraut sind, werde ich hin und wieder angefragt, wenn sich wieder einmal jemand hat beissen lassen. Dies geschieht meist nachts. Oft ist leider auch Alkohol im Spiel, wenn es zu Bissunfällen kommt. Dieser wirkt ja bekanntlich enthemmend. Da fasst man dann schon einmal in den Schlangenkasten, als wäre es eine Meerschweinchenbehausung.

Giftschlangen sind keine blutrünstigen Bestien, die nur darauf warten, dass ihnen endlich einmal ein Menschenfinger zwischen die Zähne kommt. In Ruhe gelassen und mit Respekt behandelt, sind sie harmlos. Allerdings handelt es sich ja nicht um Streicheltiere. Normalerweise öffnet man Giftschlangenbehälter zu Hause auch nur, um die Tiere zu füttern. Daran gewöhnen sich die Schlangen. Kein Wunder also – es wird zugebissen, wenn sich „Fleisch" dem Terrarium nähert. Handelt es sich dann um die Hand des Schlangenpflegers, muss von einem „Betriebsunfall" gesprochen werden. Dies geschieht umso eher, wenn die Hand auch noch nach „Maus" riecht. Auf diese Weise geschehen viel Giftschlangenbissunfälle bei privaten Schlangenhaltern. Stets handelt es sich hierbei um den Pfleger, der den Fehler gemacht hat. Eines dürfen Sie mir glauben:

Jeder Gifttierunfall ist die Folge menschlichen Versagens, menschlichen Fehlverhaltens – und damit vermeidbar!

Niemals ist es das Gifttier, das in böswilliger Absicht Menschen angefallen hat. Dies einmal klar festgehalten zu haben ist mir wichtig. Selbst jene Giftschlangenbesitzer, die schon öfter gebissen worden waren, pflegen dann zu sagen: *„Siebenmal wurde ich gebissen. Sechsmal war ich selber schuld – aber das siebte Mal hat mich die Schlange angegriffen..."*

Glauben Sie's nicht. Auch das verflixte siebte Mal hat die Schlange nur aus Notwehr gehandelt...

Diesbezüglich den Gipfel abgeschossen hat vor Jahren ein Amerikaner, was meinen Kollegen Findlay Russel sogar zu einer Publikation in der Zeitschrift TOXICON veranlasst hat (TOXICON ist die „Hauszeitschrift" der Gifttier- und Tiergiftforscher). Das Elend begann damit, dass ein junger Mann anlässlich einer Silvester-Party in Kalifornien im alkoholisierten Zustand seine Diamantklapperschlange (mit dem wissenschaftlichen Namen *Crotalus atrox*) einem anwesenden Kollegen besonders genau zeigen wollte. So griff er einfach in das Terrarium hinein und packte die Schlange. Das Tier, wohl etwas erschrocken über so viel Zuneigung zu später Stunde, biss zu. Dies veranlasste den Besitzer, die Schlange einem in der Nähe sitzenden Partygast in die Hand zu legen. Jener griff zu in der Meinung, mit einer vollen Bierbüchse bedient zu werden. So wurde auch er gebissen. Zu Tode erschrocken liess er nun die verängstigte Klapperschlange einem anderen Kollegen in den Schoss fallen, was letzteren erschreckt auch dazu veranlasste, nach der Schlange zu greifen. Natürlich wurde auch dieser gebissen. So kam es dazu, dass sich die Schlange innerhalb von fünfzehn Sekunden gegen drei Personen zu wehren hatte. Für alle drei Betroffenen verlief die Angelegenheit vergleichsweise glimpflich, wenn man davon absieht, dass bei zweien Schmerz und Schwellungen zu beklagen waren.

Solche Geschichten erinnern mich unweigerlich an den – wahrscheinlich richtigen – Sinnspruch: *„Allem hat Gott Grenzen gesetzt; nur der Dummheit des Menschen nicht..."*

 birth berth

Eine Brillenschlange *(Naja naja naja)* lässt sich vom Schlangenbeschwörer zum Tanz auffordern. Schlangen können nicht hören. Als „Augentier" folgt die Kobra jedoch warnend jeder Bewegung der Flöte.

Private Gifttierhaltung ❓

1. Wer hält Gifttiere zu Hause?

Erstaunlich viele Menschen! Sicherlich einmal viele Liebhaber, die sich mit den Gifttieren und ihren Erscheinungsformen ernsthaft auseinandersetzen. Ihnen und ihren beschriebenen Beobachtungen verdanken wir viel, was wir heute über Gifttiere wissen.

Daneben gibt es aber auch viele Menschen, die Gifttiere deshalb zu Hause halten, weil sie sich dadurch von der Allgemeinheit abheben können. Schon der Gedanke an eine Kobra zu Hause weckt bei vielen Menschen leichte bis schwere Gruselgefühle. Entsprechend fasziniert betrachtet man dann die „Supermänner" (Gifttierhaltung scheint überwiegend Männersache zu sein...), die sich ein solches Hobby leisten können.

2. Was muss bei privater Gifttierhaltung beachtet werden?

Trotz anderslautender Forderungen kann es nicht in unserem Interesse sein, private Gifttierhaltung grundsätzlich zu verbieten. Mit Verboten erreicht man nur eine weitere „Mythologisierung". Dies wollen wir natürlich nicht.

Folgende Forderungen sind jedoch an jede private Haltung von Gifttieren zu stellen:

1. Wo behördliche Bewilligungen verlangt sind, müssen diese eingeholt werden.

2. Die Tiere müssen in ausbruchsicheren, abschliessbaren Behältern gehalten werden.

3. Vorkehrungen für Unfälle müssen getroffen sein (Wo sind Antivenine verfügbar? Ist der Hausarzt über die Tiere informiert? Weiss er, was bei einem Unfall zu tun ist?)

4. Der Hausbesitzer muss über die Gifttierhaltung informiert und damit einverstanden sein.

3. Wie gross ist die Unfallgefahr?

Die Unfallgefahr ist deshalb nicht zu vernachlässigen, weil manche Gifttierhalter jede Sorgfalt vermissen lassen. Bereits mit meiner Forderung, dass man ein Gifttier nur anfasst, wenn dies absolut nötig ist, mache ich mich bei solchen Menschen unbeliebt. Die Tiere anzufassen scheint ihnen persönliches Wohlbehagen zu vermitteln. Unverständnis ernte ich auch da und dort, wenn ich verlange, dass beispielsweise eine Giftschlange fixiert wird, bevor man sie in die Hand nimmt. Es scheint für manche Menschen das Höchste der Gefühle zu sein, eine Kobra oder eine Gabunviper aus dem Terrarium zu holen, indem man einfach hineingreift und zufasst. Dass dies sehr oft ohne Unfälle möglich ist, zeigt nur, wie wenig aggressiv die Tiere in der Regel sind.

Ich frage mich auch, welchen pädagogischen Wert es hat, wenn jemand eine Vogelspinne in den Mund nimmt. Diese Unsitte sieht man öfters in Fernsehprogrammen. Ob solches Spiel mit menschlichen Urängsten langfristig quotenfördernd ist, wage ich zu bezweifeln.

Schliesslich ist bei Unfällen in der privaten Gifttierhaltung oft auch Alkohol im Spiel. Ein alkoholisierter Gifttierhalter setzt sich oft erst deshalb erhöhter Gefahr aus, weil er durch den Alkohol enthemmt ist. Ist der Unfall dann geschehen, hat der Alkoholisierte oft noch das Gefühl, dass nun sicher nichts passieren kann. So kommt der Verunfallte erst spät in medizinische Behandlung, was die Angelegenheit nicht unbedingt leichter macht.

4. Was kosten solche Unfälle?

Nehmen wir als Beispiel einen Schlangenbissunfall. Der alkoholisierte Patient wurde von einer seiner Klapperschlangen gebissen. Erst nach mehr als zwölf Stunden, nachdem sein Urin plötzlich schwarz statt gelb war, bekam er es dann doch mit der Angst zu tun und ging ins Spital. Wegen starken Gerinnungsstörungen kam es zu Fibrinablagerungen in der Niere. Dies führte zu einem Nierenversagen. Mehrmals musste der Patient an eine „künstliche Niere" angeschlossen werden. Er verbrachte einige Tage in Lebensgefahr auf der Intensivpflegestation. Die fünfstelligen Kosten wurden von der Krankenpflegeversicherung übernommen (wir bezahlen also in solchen Fällen alle mit). Solange es dem Patienten schlecht ging, wollte er seine ganze Giftschlangensammlung eliminieren. Mit jedem Tag der Besserung verflüchtigten sich seine guten Vorsätze. Am Tag des Austritts aus dem Spital dachte er noch daran, die Schlange, die ihn gebissen hatte, wegzugeben. Ob er sich daran zu Hause noch erinnerte, entzieht sich meiner Kenntnis...

5. Woher kommen die Gifttiere, die in Mitteleuropa privat gehalten werden?

Diese Nachricht immerhin ist erfreulich. Die meisten Giftschlangen, Vogelspinnen, Skorpione und was sonst noch so gehalten wird, stammen heute aus privater Zucht. Noch immer aber werden trotzdem viele Tiere der Natur entnommen. Die Indische Kobra oder Brillenschlange (*Naja naja naja*) beispielsweise unterliegt dem Washingtoner Artenschutzabkommen (CITES) und darf nicht exportiert werden. Ich war erstaunt, als ich vor wenigen Jahren eine Anfrage vom Zollamt in Hongkong erhielt, ob ich nicht jemanden wüsste, der bereit wäre, mehr als hundert Kobras aufzunehmen. Diese wurden wegen illegalen Handels dort beschlagnahmt. Indien wollte sie offensichtlich nicht mehr zurück und sonst wollte sie auch niemand. Diejenigen die sie haben wollten, durften sie jedoch nicht nehmen. Derartiger Artenschutz ist natürlich fragwürdig; dies nur nebenbei bemerkt...

6. Ist eine bessere staatliche Überwachung privater Gifttierhaltung nötig?

Nochmals: Verbote bringen nichts. Andererseits wäre eine Harmonisierung staatlicher Verordnungen sicher wünschenswert. In der Schweiz gilt der Spruch: *„Bei uns ist alles von Kanton zu Kanton verschieden"* auch in bezug auf private Gifttierhaltung.

Es wäre schön, wenn man zumindest eine generelle Meldepflicht durchsetzen könnte. Dann wüsste man wenigstens, was an Gifttieren vorhanden ist, könnte die Ärzteschaft entsprechend vorbereiten und sich überlegen, wo spezifische Antivenine im Notfall beschafft werden können.

Seriöse Gifttierhalter werden die notwendigen Vorkehrungen selber treffen und auch für einen möglichen Unfall vorsorgen. Doch nicht alle Gifttierhalter gelten als seriös...

7. Werden die Gifttiere artgerecht gehalten?

Dies kann bei weitem nicht in jedem Fall bejaht werden. Tatsächlich gibt es zum Beispiel in der Schweizerischen Tierschutzverordnung sogenannte „Mindestanforderungen" an Käfigausmasse, die einzuhalten sind. Rechnet man solche Mindestanforderungen allerdings hoch auf die menschliche Situation, stellt man oft fest, dass es sich wahrlich um „Mindestanforderungen" handelt, die nicht unbedingt zur Lebensqualität beitragen. Oder möchten Sie etwa zu Dritt auf drei Quadratmetern Bodenfläche hausen?

8. Werden die Gifttiere artgerecht ernährt?

In der Regel hat man heute in unseren Breitengraden durchaus die Möglichkeit, den Tieren das richtige Futter zu beschaffen. Aus Bequemlichkeit werden die Tiere jedoch mancherorts auf eine Art ernährt, die man zumindest als fragwürdig bezeichnen muss. Frisch aufgetaute Hühnerschenkel sind meines Erachtens nicht unbedingt eine „artgerechte" Ernährung für Giftschlangen – um nur ein Beispiel zu nennen.

9. Wohin wendet man sich, bevor man Gifttiere für den Hausgebrauch beschaffen will?

Man sollte sich unbedingt an das Veterinäramt des Kantons (Bundeslandes), in dem man wohnt, wenden. Dort erhält man die nötigen Auskünfte betreffend Anforderungen und Vorkehrungen, welche man als Halter von Gifttieren zu treffen hat.

10. Müssen es überhaupt Gifttiere sein?

Jeder, der Gifttiere halten will, sollte sich die Frage stellen, ob er dies nur wegen des zusätzlichen „Ner-

venkitzels" möchte. Dies darf für einen wahren Tier-
freund aber nicht das Entscheidungskriterium sein.

✿✿✿✿

Schmerzhafter Auftritt

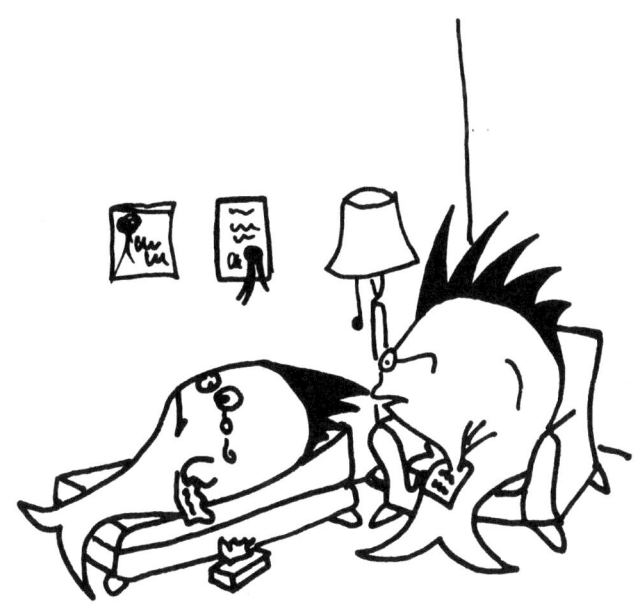

„Und Sie denken, es liegt daran, dass niemand mehr auf Sie tritt?"

Wohnen Sie in Mitteleuropa? Lieben Sie auch Urlaubstage bei herrlichstem Wetter? – Dann bleibt Ihnen fast nichts anderes übrig, als in den Süden zu fliegen. Nachdem heute oft gilt, je weiter weg, desto billiger, sind tropische Traumstrände ja für viele auch alltäglich geworden.

So schön Sonne, Sand und Strand auch sind – mit Gifttieren ist stets zu rechnen. Denn Gifttiere sind vor allem Kinder der Tropen. Um gegen unangenehme Überraschungen gewappnet zu sein, gilt alsdann auch hier das geflügelte Wort: *„Planung ist neunzig Prozent vom Erfolg!"*

Wer sich in der Vorfreude mit Land und Leuten auseinandersetzt, sollte auch ein paar wenige Grundfragen im Zusammenhang mit Gifttieren abgeklärt haben. Dieses Kapitel mag hier etwas nachhelfen.

༄ ༄ ༄ ༄

In den Gifttiervorlesungen ernte ich immer wieder Gelächter, wenn ich darauf hinweise, dass der wahre Kenner der Materie mit Schuhen an den Füssen ins Meer geht. Spätestens dann, wenn ich die rasterelektronischen Bilder von Seeigelstacheln zeige, werden allerdings die meisten nachdenklich.

Zugegeben, es mutet etwas komisch an, wenn sich unter die Badefreudigen plötzlich zwei mischen, die angetan mit alten Turnschuhen oder – etwas weniger auffällig – mit Plastiksandalen ins Meer spazieren, als ob dies die natürlichste Sache der Welt wäre. Ich kann mir vorstellen, dass es auch meine Frau etwas Überwindung kostete, sich bei unserem ersten Aufenthalt an einem tropischen Strand dieserart mit mir im Meer zu vertun; aber die *„Liebe trägt ja nicht nur viel, sondern alles"* (das ist übrigens auch der Bibel entnommen; Interessierte können es in 1. Korinther 13, 7 nachlesen).

So waren wir also damals in Kenia und blieben mutig bei unserem Entschluss, besohlt ins Meer zu steigen, obwohl da und dort über uns gegrinst wurde. Dass wir beim Schnorcheln nicht weit vom Strand haufenweise Diademseeigel sahen, bestärkte uns darin, der Theorie die Praxis folgen zu lassen. Diademseeigel sind die, deren Stacheln durchaus zwanzig und mehr Zentimeter Länge erreichen. Nun sind dies aber nicht einfach nur Stacheln. Nein, kranzweise sind sie mit Kalkanzetten bestückt, die nach oben gerichtet sind. Was bei einem Auftritt geschieht, sehen Sie, wenn Sie die Bilder auf der nächsten Seite in Musse betrachten. Ein Auftritt ist also äusserst schmerzhaft und nicht zu empfehlen.

Manche Seeigel haben darüber hinaus noch „Pedizellarien", also „Greif-Füsschen", die sich wie Zangen ins Fleisch eines Eindringlings einbohren können. Versehen mit einer – wenn auch mikroskopisch kleinen Giftdrüse – führt auch das zu unangenehmen Auftritten.

Nach drei Tagen war es dann soweit. Ein Gast hatte „seinen Auftritt" und folgerichtig eine stark lädierte Fusssohle. Die gute Nachricht heisst: Seeigelgifte führen keineswegs zu lebensbedrohlichen Situationen. Die schlechte Nachricht ist: derart geschlagene Wunden sind ausserordentlich schmerzhaft, weil die einzelnen Kalkanzettchen gerne brechen und sich nur schwer entfernen lassen. Leicht kommt es dann auch zu lästigen Infektionen durch gramnegative Bakterien, die im Meer in Fülle vorhanden sind.

Bau des Stachels von Diademseeigeln

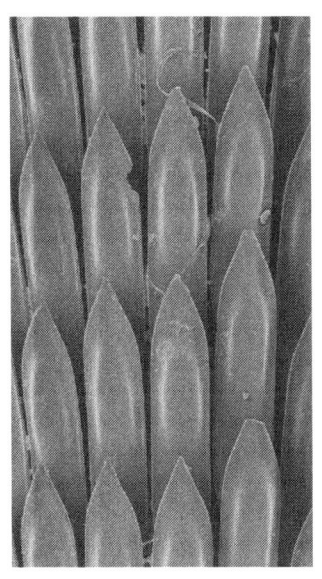

Aufsicht, man beachte die Lanzetten

Vor dem „Auftritt"

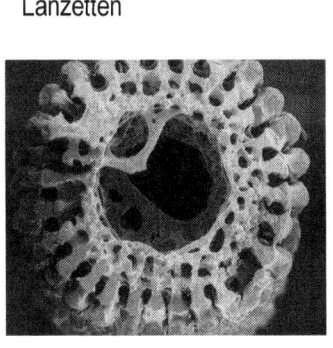

Querschnitt. Der Hohlraum ist mit einer giftigen Flüssigkeit gefüllt

Nach dem „Auftritt"

Zwei originelle Massnahmen der Ersten Hilfe seien hier erwähnt. Zum einen lohnt es sich, die betroffene Fusspartie mit einem grösseren Stein „weichzuklopfen". Dies ist zwar eine etwas schmerzhafte Prozedur, hilft aber, die eingedrungenen Lanzettchen in „mundgerechte" Stücke für körpereigene „Fresszellen" zu zerkleinern. Zum anderen hilft das Aufkleben eines hinreichend grossen Heftpflasters. Lässt man den Klebstoff dieses Pflasters während vierundzwanzig Stunden eindringen und reisst es alsdann mit einem kräftigen Ruck weg, bestehen gute Chancen, dass auch etliche Stachelsplitter mitgerissen werden. Im Bedarfsfall kann, ja soll dies mehrfach wiederholt werden.

Allerdings: mit Schuhen an den Füssen sind solche Massnahmen erst gar nicht nötig.

❧❦❦❧

Nicht nur Seeigel können uns die Urlaubsfreude an tropischen Stränden verderben. Auch manche Fische haben Stacheln, die mit Giftdrüsengewebe verbunden sind. Am bekanntesten ist wohl der „Steinfisch". Er sieht wirklich wie ein Stein aus. Ich schmunzle immer wieder, wenn in einem Zoo ein Aquarium mit Steinfischen besetzt ist. Oft hört man dann Besucher nach einem gelangweilten Blick ihren Kindern erklären: *„Da ist nichts drin."*

Auch Rotfeuer- und Skorpionsfische besitzen mehr oder weniger lange giftdrüsenbewehrte Stacheln. Sie alle gehören zu den „Drachenköpfen" (Familie Scorpaenidae) und sind in unterschiedlichen Arten in allen tropischen und subtropischen Meeren zu Hause.

Giftfische sind schlechte Schwimmer. Dies hindert sie jedoch nicht daran, mit aufgestellten Rücken- und/oder abgespreizten Brustflossenstacheln explosionsartig über kurze Strecken in Richtung eines vermeintlichen Feindes vorzuschnellen. Die Folgen sind stets unangenehm. Betroffene berichten, dass das Erdauern einer Gallen- oder Nierenkolik gegenüber dem Schmerz eines Steinfischstiches „ein Kinderspiel" sei.

Todesfälle sind selten, kommen jedoch vor. Beschrieben wurden sie nach Stichen von Skorpions- und Steinfischen, aber auch für die im Mittelmeer häufigen „Petermännchen" (Familie Weberfische, Trachynidae) und manche zur Unterordnung Welse (Silurioidei) zählenden Arten.

Weitere Fische mit Stacheln, die jedoch nicht mit Giftdrüsengewebe vergesellschaftet sind, aber trotzdem zu unschönen Verwundungen führen können, sind beispielsweise die „Sterngucker" (Gattung

Rotfeuerfisch (Gattung *Pterois)*, ein beliebter Aquarienfisch tropischer Riffe.

Skorpionsfisch (Gattung *Scorpaena*), ein bekannter Speise-
fisch, der als „Rascasse" in jede Bouillabaisse gehört.

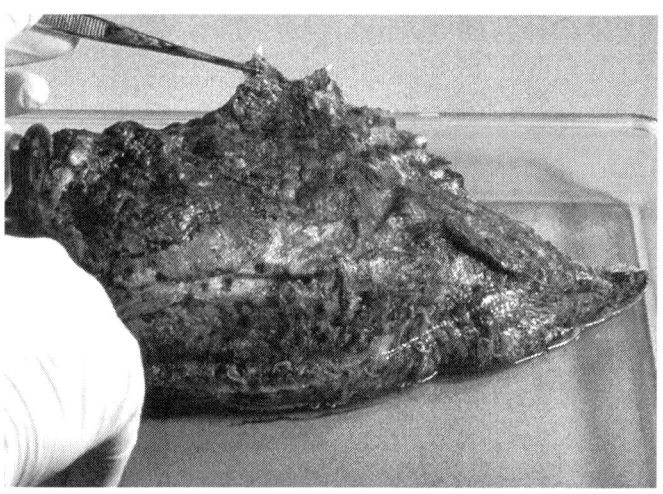

Steinfisch (Gattung *Synanceja*), der wohl giftigste Fisch
überhaupt

Uranoscopus) und die „Doktorfische" (Familie A-canthuridae). Man muss immer damit rechnen, dass solche Verletzungen als „Eintrittspforten" für Bakterien dienen, was lästige Infektionen zur Folge haben kann.

Schliesslich sind noch die bratpfannenartig geformten Stechrochen unter den Knorpelfischen zu erwähnen. Bei einem „Auftritt" pflegen die Tiere ihre Schwanzflosse reflexartig nach oben zu schlagen. Hierbei wird der gesägte Stachel, der sich auf der Oberseite befindet, in die Wade oder andere Körperteile gerammt, was zu unangenehmen Verletzungen führen kann.

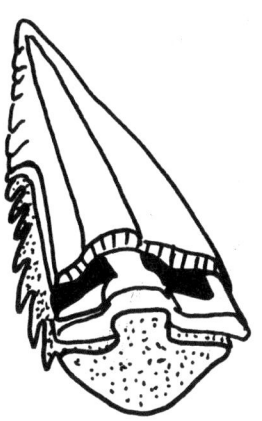 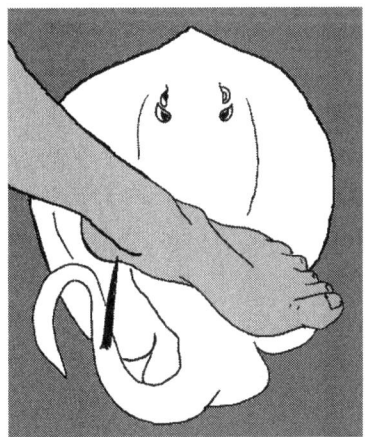

Stachel eines Stechrochens, umgeben von Giftdrüsengewebe (schwarz)

So wehrt sich der Stechrochen, wenn man auf ihn tritt

Sind Sie nach diesen Schilderungen immer noch der Meinung, dass es besser ist, ohne Schuhwerk das Meer zu betreten? – Dann kann ich Ihnen wirklich nicht helfen...

In grauer Vorzeit waren die Menschen Jäger und Sammler. Dies wirkt – wie so manches – bei vielen auch heute noch nach. Die wunderschönen Gehäuse mariner Kegelschnecken (Familie Conidae) der Gruppe „Giftzüngler" (Toxoglossa) erfreuen sich, ähnlich wie die Münzen bei den Numismatikern oder die Briefmarken bei den Philatelisten, einer grossen Liebhaberschar. Allerdings lassen sich die Schneckengehäuse ihres Volumens wegen nicht in einem Album unterbringen. Sei's drum.

Was eine richtige Schnecke ist, bewegt sich im Schneckentempo fort. Darin machen die Kegelschnecken keine Ausnahme. Dies führt insofern zu Schwierigkeiten, als Kegelschnecken sich räuberisch ernähren. Handelt es sich bei der Beute um eine andere Schnecke oder allenfalls um einen Wurm kann man sich vorstellen, dass die Geschwindigkeit (oder besser: die „Langsamkeit") nicht allzu viele Probleme aufgibt.

Was aber, wenn man Fische erbeuten will? Diese sind doch in der Regel recht rasch und bewegen sich erst noch im dreidimensionalen Raum des Wassers. Nun – mit dem richtigen Gift lässt sich auch diese Hürde problemlos nehmen.

Kegelschnecken besitzen einen giftgefüllten „Köcher" voller umgewandelter Raspelzähne aus Kalk, die harpunenartig ausgestaltet sind. Wie die Harpunen mit Gift gefüllt werden, ist noch nicht genauer untersucht worden. Tatsache ist jedoch, dass hungrige fischfressende Kegelschnecken jeweils eine Harpune mit der Spitze ihres Schlundrohres festhalten, sich im Sanduntergrund eingraben, den Röhrenschlund herausragen lassen und wurmartig hin und herbewegen.

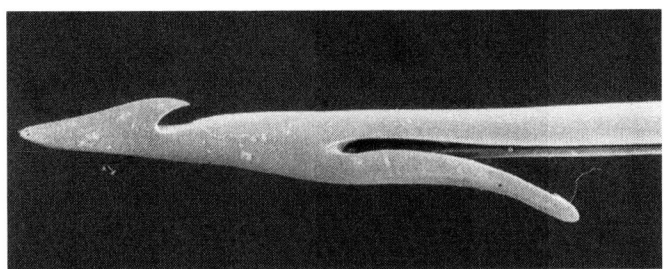

Obwohl nur etwa drei Millimeter lang, ist die „Harpunen-spitze" einer Kegelschnecke ein furchterregendes Instrument...

Dies wiederum wäre ein gefundenes Fressen für hungrige Fische. Wäre – denn im entscheidenden Moment sticht „der Wurm" zu. Nun erst kommt das Unglaubliche – innerhalb von Sekunden liegt der Fisch gelähmt zum Gefressenwerden bereit. Trichterförmig dehnt sich der Schneckenschlund aus und stülpt sich über den grossen Brocken. Nach wenigen Minuten ist der Schlingakt abgeschlossen und eine nachhaltig gesättigte Kegelschnecken verlässt den Ort des Geschehens.

Eine Kegelschnecke verspeist den zuvor gelähmten Fisch

Nach kürzester Zeit ist das Werk vollbracht...

Erhebt sich da nicht automatisch die Frage: *„Wie macht die Schnecke das?"*

Damit Sie eine Ahnung davon erhalten, wieviel wir über manche Gifttiere und Tiergifte schon wissen, sei Ihnen das im Folgenden auf einfache Weise erklärt.

Wenn man ein Wirbeltier rasch bewegungslos machen möchte, bieten sich zwei Organsysteme an. Entweder man beeinträchtigt das Nervensystem derart, dass die Atemfunktion ausgeschaltet wird, oder man lässt den Blutkreislauf des Opfers zusammenbrechen. Kegelschneckengifte wirken neurotoxisch, sie schädigen das Nervensystem. Da die Schnecke das Opfer nicht über weite Strecken verfolgen kann, müssen die Giftbestandteile zum einen rasch an ihren Zielort, wo die Nervenzelle mit dem Muskel zusammentrifft, gelangen. Dies wird dadurch erreicht, dass die Conotoxine (d.h. frei übersetzt nichts anderes als die „Giftstoffe der Kegelschnecken") sehr kleine Moleküle sind, die sich im Körper rasch ausbreiten können. Zum zweiten müssen diese Conotoxine den Nervenreiz daran hindern, dem Muskel zu befehlen, sich zu kontrahieren.

Um eine lange, hochkomplizierte Geschichte kurz zu machen: dort, wo die Nervenzelle auf den Muskel trifft, gibt es in den Zellmembranen türartige Poren, die man Ionenkanäle nennt, weil sie im geöffneten Zustand kleine Metallionen passieren lassen. Trifft der elektrische Nervenreiz am Ende der Nervenzelle ein (①), öffnen sich zunächst Tausende sogenannter Kalziumkanäle (②) und lassen Kalzium in die Nervenzelle einströmen.

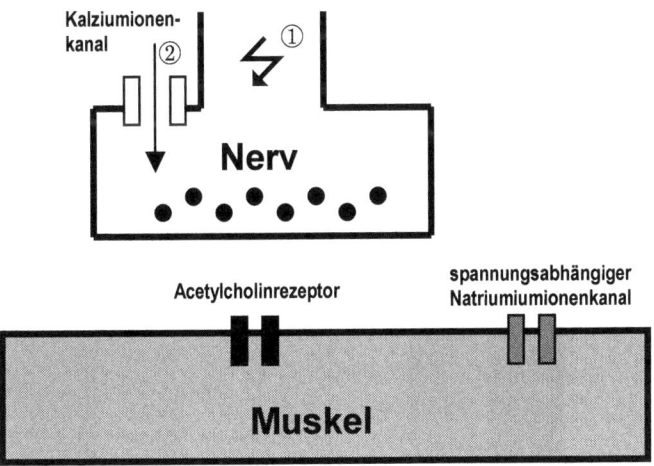

Dieser Kalziumfluss in die Nervenendigung („Synapse") führt dazu, dass Moleküle des „Neurotransmitters" Acetylcholin aus der Nervenendigung austreten und die Acetylcholinrezeptoren auf der Muskelzellmembran öffnen (③). Nun gelangen Natriumionen in die Muskelzelle (④), was dazu führt, dass ein elektrischer Strom über die Muskelmembran fliesst (⑤) und die spannungsabhängigen Natriumionenkanäle (⑥) öffnet. Weitere Reaktionen im Muskel führen nun dazu, dass sich der Muskel zusammenzieht (⑦).

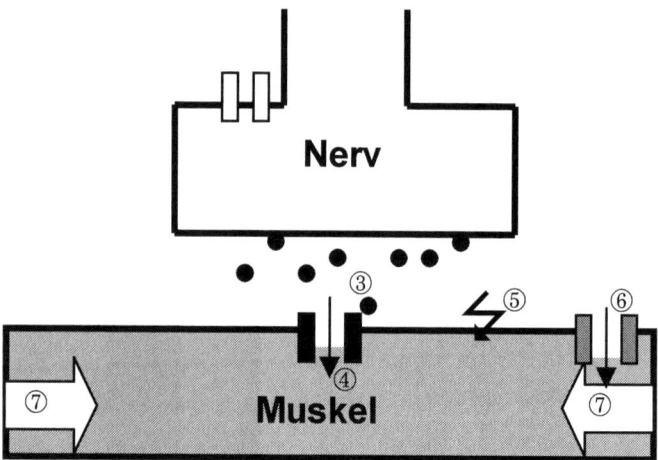

Anschliessend erschlafft der Muskel wieder. Dieser hier sehr stark vereinfacht dargestellte Mechanismus führt dazu, dass sich unser Brustkorb beim Einatmen hebt oder ein Fisch Schwimmbewegungen vollführen kann.

Und genau diesen Mechanismus unterbrechen die Conotoxine in dreierlei Weise!

Die im Gift vorhandenen ω-Conotoxine lagern sich an die Kalziumionenkanäle an, so das sich diese nicht mehr öffnen können (⑧). α-Conotoxine „verstopfen" die Acetylcholinrezeptoren (⑨) und μ-Conotoxine sorgen dafür, dass die spannungsabhängigen Natriumionenkanäle nicht mehr aufgehen können (⑩).

„Dreimal genäht hält besser!" ist man geneigt zu sagen. Auf alle Fälle gilt nun *„rien ne va plus – nichts geht mehr!"*

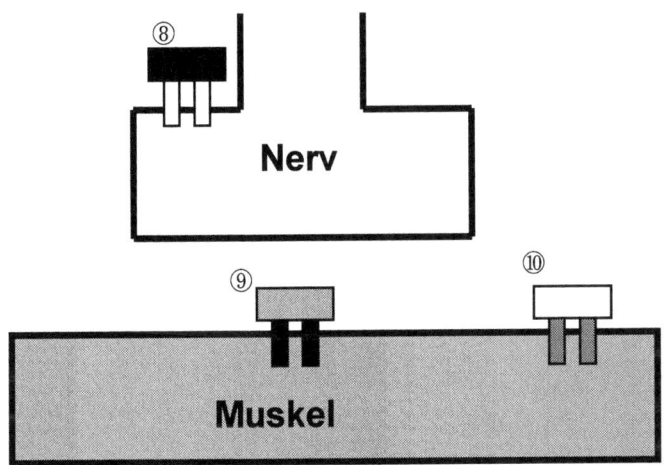

Das ist die Art, wie die Kegelschnecken das Problem gelöst haben, sich erfolgreich einer sehr viel schnelleren Beute zu bemächtigen. Wenn das nicht faszinierend ist!

జనని

Kegelschneckenvergiftungen sind selten und Unfälle geschehen ausschliesslich, wenn Sammler die lebenden Tiere in die Hand nehmen oder in ihren Hosen- und Hemdentaschen verstauen. Seit Anfang des 18. Jahrhunderts wurden 37 Fälle beschrieben, wovon zehn einen tödlichen Verlauf nahmen. Würde es uns die Ehrfurcht vor allem Leben nicht verbieten, man wäre geneigt zu sagen: *„Geschieht ihnen recht..."*

Niemand bestreitet, dass Kegelschneckenhäuser schön sind...

Aktiv giftige Meeres-tiere

?

1. Welche Rolle spielen die Gifte im Leben mariner Gifttiere?

Von Kegelschnecken und Nesseltieren abgesehen benützen die medizinisch bedeutsamen aktiv giftigen Meerestiere ihr Gift nicht zum Beuteerwerb, sondern zur Abwehr von Feinden. Bei den Fischen sind es die mehrheitlich am Boden lebenden schlechten Schwimmer, die sich durch Giftstacheln schützen.

2. Bei welchen Tätigkeiten sind Menschen am ehesten gefährdet, mit Giften mariner Tiere in Berührung zu kommen?

Zunächst sind die Sporttaucher zu erwähnen, die bei der Ausübung ihres Hobbys in die Nähe aktiv giftiger Fische kommen. Doch auch hier gilt: wer den nötigen Abstand bewahrt und die Tiere nicht reizt, hat nichts zu befürchten.

Menschen, die sich mit ungeschützten Füssen ins Wasser begeben, treten hin und wieder auf Giftfische und Seeigel. Dieses Problem lässt sich jedoch leicht lösen, indem man auch ins Meer Schuhe anzieht.

Unfälle kommen auch vor, wenn Angler und Fischer nach erfolgreichen Fischzügen die Tiere nicht mit der nötigen Vorsicht anfassen. Es kann schliesslich auch vorkommen, dass man sich auf Fischmärkten an den Stacheln giftiger Fische verletzt.

3. Woraus bestehen die Gifte mariner Gifttiere?

Meerestiere verfügen über Giftstoffe unterschiedlichster chemischer Beschaffenheit. Die medizinisch bedeutsamen aktiv giftigen Meerestiere besitzen in unterschiedlicher Zusammensetzung Giftstoffe unterschiedlicher Molekülgrössen, die wir zu den Neurotoxinen rechnen (bei Nesseltieren, Weichtieren, Fischen). Als Verdauungsenzyme wirkende, weil die Zellmembran zerstörende Giftstoffe wie „Cytolysine" (bei Nesseltieren) und das Bindegewebe auflösende Hyaluronidasen finden wir bei vielen Meerestieren. Schliesslich führen die fast in jedem Gift vorhandenen kleinen Moleküle wie etwa Histamin und verwandte Stoffe zu den sehr starken Schmerzen, die das betroffene Opfer in akute Ertrinkungsgefahr bringen.

4. Was ist von einer „Hitzebehandlung" nach einem Unfall mit marinen Gifttieren zu halten?

In der Tat hilft Wärme, die Giftstoffe der meisten giftigen Meerestiere unschädlich zu machen. Deshalb wird eine „Hitzebehandlung" nach Unfällen mit giftigen Meerestieren auch empfohlen. Aber Vorsicht: in eigenen Versuchen haben wir festgestellt, dass Wasser von 45 °C Wärme von den meisten Menschen kaum fünf Minuten ausgehalten wird. Noch wärmeres Wasser kann zu Verbrennungen führen. Halten Sie also die betroffene Gliedmasse in seichtes Wasser am Strand tropischer Meere, wo die Temperaturen meist erhöht, jedoch noch erträglich sind.

5. Sind alle Seeigel giftig?

Es ist damit zu rechnen, dass alle Seeigel, ja alle Stachelhäuter, zu denen auch die Seesterne, Schlangensterne, Seegurken und Seelilien zählen, Giftstoffe enthalten und zum Teil auch ins Meer abgeben, um sich gegen Feinde zu wehren. Von der Giftigkeit her betrachtet dürften jedoch nur wenige Seeigelarten ein medizinisches Problem darstellen. Allerdings sind die Stichwunden, die viele Seeigel verursachen, wenn wir auf sie treten, auch sehr lästig. Selbst wenn kein Giftstoff zusätzliche Symptome verursacht.

6. Was ist bezüglich Stechrochen zu beachten?

Stechrochen sind abgeplattete, bodenbewohnende Knorpelfische, die sich oft in vergleichsweise seichtem Wasser aufhalten. Ihre Schwanzflosse, die bei Bedrohung als Peitsche verwendet wird, enthält rückenseitig ein bis zwei mit Widerhaken versehene, meist mehrerer Zentimeter lange Stacheln. Diese führen zu recht grossen, lästigen Wunden, die oft nur schlecht abheilen. Gegen Rochenstiche schützen wir uns nachhaltig, indem wir selbst in seichtem Wasser schwimmen statt waten.

7. Welche Gefahr geht von Kegelschnecken aus?

Unfälle mit Kegelschnecken geschehen, wenn Sammler diese niedlichen Tiere anfassen. Viele Länder verbieten heute, Lebewesen dem Meer zu entnehmen und als Souvenir nach Hause zu bringen. Bestaunen wir diese Tiere nur „mit den Augen", dann geht von ihnen keine ernsthafte Gefahr aus.

8. Sind Tintenfische auch Gifttiere?

Der australische „Blue-ringed Octopus" *(Hapalochlaena maculosa)* ist der einzige Kopffüsser, der als Gifttier medizinische Bedeutung erlangt hat. Er ist vergleichsweise klein und keineswegs aggressiv. Sein Speichel enthält Tetrodotoxin. Wird er – und dies scheint doch öfters der Fall zu sein – von Tauchern gereizt und angefasst, kann es vorkommen, dass er zubeisst. Dies hat schon zu Todesfällen geführt.

9. Wie giftig sind Muränen?

Selbst in einem zoologischen Standardwerk wie „Grzimeks Tierleben" können wir fälschlicherweise nachlesen, dass die allseits bekannten aalförmigen Muränen mit ihrem Biss Vergiftungen verursachen. Selbstverständlich ist das Gebiss einer Muräne furchterregend und man kann leicht nachvollziehen, dass es besser ist, sich nicht beissen zu lassen, wenn man keine bösen Verwundungen riskieren will. Allerdings hat man bis heute bei keiner Muränenart einen Giftapparat nachweisen können. Als „Gifttiere" sind Muränen deshalb nur im Zusammenhang mit Ciguatera – also erst auf dem Teller – medizinisch bedeutsam. Ausserdem soll ihr Blut einen Giftstoff enthalten der, sofern Sie Muränen- oder Aalblut trinken sollten, Vergiftungen verursachen kann. Wer aber trinkt schon Muränen- oder Aalblut in grösseren Mengen?

10. Können Gifte mariner Gifttiere medizinisch genutzt werden?

Giftige Meerestiere stellen eine unüberschaubare Vielfalt interessanter chemischer Verbindungen her. Gerade jene sessilen Tiere, die festsitzen und sich nicht durch einen Ortswechsel vor Gefahren schützen können, wehren sich chemisch. Vor allem Schwämme produzieren Substanzen mit interessanten Wirkungen, die sogar in der Krebsbekämpfung vielversprechenden Nutzen bringen könnten.

Qual(l)en

„Ausser ihnen kennt niemand den Unterschied..."

Mag sein, dass Sie sich freuen, wenn Ihre Schwiegermutter mit dem brennenden Hautabdruck einer Seeanemone aus dem Urlaub nach Hause kommt – Meine tat mir leid. Beim Abstützen im seichten Mittelmeerwasser machte ihr Unterarm mit einer Purpurrose (*Actinia equina*) Bekanntschaft. Letztere fühlte sich durch diesen Angriff dazu veranlasst, einige Tausend ihrer Nesselkapseln abzuschiessen. Ein brennender, schmerzhafter „Nesselausschlag" war die Folge, wunderschöne Tentakelspuren auf der Haut zurücklassend. Dies ist für einige Tage recht unangenehm, jedoch vergleichsweise harmlos. Wenn es sich um tropische Quallen handelt kann es aber ernsthafte, ja lebensbedrohliche Folgen haben.

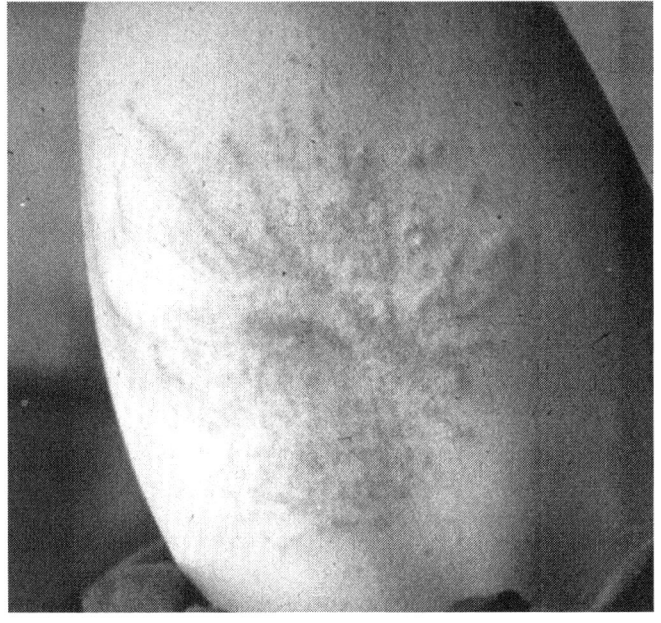

„Nesselabdruck" einer Seeanemone

Aber Hand aufs Herz. Wie würden Sie sich wehren, wenn Sie, ohne sich gross von der Stelle bewegen zu können, Ihr Leben in mehrheitlich feindlicher Umwelt zu fristen hätten? Da bleiben nur die Möglichkeiten der chemischen Kriegführung. In der Tat können wir heute nur erahnen, mit welchen „Chemiewaffen" sich die vielen festsitzenden Lebewesen im Meer dagegen schützen, dass sie von ihren Nachbarn nicht einfach überwachsen werden. Was bleibt zu tun, wenn man als „gefundenes Fressen" allerlei Räuber herhalten müsste? Nun – es werden giftige Substanzen ins umgebende Meerwasser entlassen, welche die potenziellen Feinde dazu veranlassen, von entsprechender Nahrungsbeschaffung abzusehen. Schwämme, Seescheiden, Seelilien, Polypen, Seeanemonen, Korallen – kurz: alle festsitzenden („sessilen") Meeresorganismen verfügen über unterschiedlichste Möglichkeiten chemischer Kriegführung. Diese sind natürlich nicht primär gegen Menschen gerichtet. Da wir aber – wie alle anderen Lebensräume – auch die Meere für unsere Zwecke benützen (und oft missbrauchen...), kommen wir naturgemäss mit diesen Tieren in Kontakt.

Die Nesseltiere sind insofern für unsere Betrachtungen besonders interessant, als sie nicht nur – man denke an die Polypen und Seeanemonen - in festsitzender Form das Meer bevölkern. Vielmehr pflegen sich bei den meisten Nesseltierarten festsitzende Polypen-Generationen mit freischwimmenden Medusenformen abzuwechseln.

Die sehr kleinen Hydroidpolypen und Korallenkolonien, die sich aus Abertausenden winziger Polypen zusammensetzen, sind für uns kaum bedrohlich. Etwas unangenehmer wird es wie eingangs erwähnt bei den vergleichsweise grossen Seeanemonen, die wir als „Riesenpolypen" bezeichnen könnten. Schliesslich finden wir unter den Staatsquallen (Siphonophora), den Schirmquallen (Klasse Scyphozoa) und den Würfel- oder Kastenquallen (Klasse Cubozoa) einige Arten, die zu lebensbedrohlichen Vergiftungen führen können.

Wie aber können uns Organismen, die zu über fünfundneunzig Prozent aus Wasser bestehen und weder Knochen noch ein Gehirn ihr eigen nennen, überhaupt schädigen? „Nesselkapseln" (*Nematocysten*) sind des Rätsels Lösung. Dies sind jene mikroskopisch kleinen phantastischen Strukturen, die in jeder Nesselzelle gebildet werden. Wir können verschiedene Typen unterscheiden: ausgeschleuderte Klebfäden (*glutinante* Nesselkapseln) hindern Beutetiere am Entkommen, mit Wickelfäden (*volvente* Nesselkapseln) werden diese dann „gefesselt", um mit giftgefüllten „Durchschlagsharpunen" (*penetrante* Nesselkapseln) gelähmt und damit unschädlich gemacht zu werden. Die Nesselkapseln werden „abgeschossen", wenn ein Sinnesfaden an der Zelloberfläche, das *Cnidocil,* berührt wird oder wenn in unmittelbarer Nähe der Nesselzellen chemische Veränderungen der Wasserzusammensetzung bemerkt werden.

Die Gifte wirken in der Regel lähmend, wobei artabhängig durchaus grosse Unterschiede in der Giftzusammensetzung bestehen. Kann jedoch die menschliche Haut von den Nesselkapseln einer Quallenart durchschlagen werden und sind genügend starke Gifte in den Nesselkapseln vorhanden,

Ausschleuderungsmechanismus einer Nesselzelle

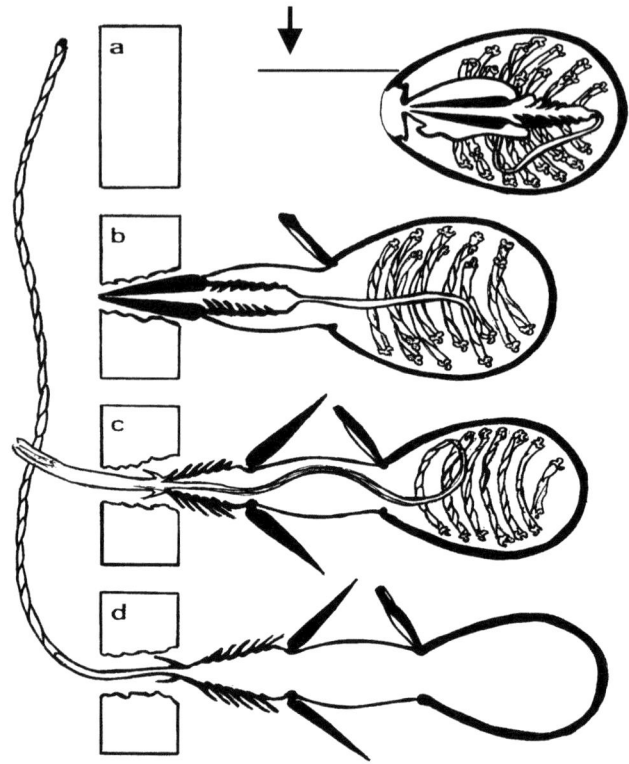

a Die Berührung des Tasthaares (Cnidocil, siehe Pfeil) führt zu einer Vergrösserung des Kapselvolumens um 10%.

b Der Kapseldeckel öffnet sich, die Stilette werden ausgestossen und bohren ein Loch in die Fremdoberfläche (Zehn Millionstel-Sekunden; Vierzigtausendfache Erdbeschleunigung).

c Stilette werden zurückgezogen und nach hinten geklappt; Nesselkapsel verkleinert sich auf 50% des Volumens, was zum Ausstossen des Nesselfadens führt.

d Der Nesselfaden wird vollständig ausgestossen, die Giftlösung wird in den Fremdkörper injiziert.

Der gesamte Vorgang dauert nur drei Tausendstelsekunden!

dann wird es ungemütlich. Auch die Quallen verursachen die Qualen mit der Menge an Giftwaffen, die ihnen zur Verfügung steht. Millionenfach sind sie auf ihren Fangarmen, den Tentakeln vorhanden. Deshalb kann ein genesselter Mensch von Tentakelabdrücken übersät sein, wenn er in eine Qualle hineingeschwommen ist. Sehen können wir die praktisch durchsichtigen und oft bläulich schimmernden Tiere im Meerwasser nämlich kaum.

 భిభిభిభి

Dennoch – auch unter den Nesseltieren können nur wenige Arten dem Menschen lebensgefährlich werden.

Die Portugiesische Galeere *Physalia physalis* etwa, die zu den Staatsquallen gehört. Sie ist aus einem „Staat" von Hydridpolypen gebildet, die perlschnurartig in etlichen Tentakeln von bis zu zwanzig Metern Länge an einer nur fünfzehn Zentimeter langen Schwimmblase hängen. Diese befindet sich an der Meeresoberfläche und wird, ihre Tentakeln hinter sich her schleppend, durch Wind und Wellen übers Meer verfrachtet. Kleinere Fische, die sich in den Tentakeln verheddern werden genesselt und gefressen. Schwimmen Menschen in die Tentakeln von *Physalia physalis* hinein, besteht oft akute Ertrinkungsgefahr, weil die Nesselungen sofort zu starken Schmerzen führen. Meist gerät dann das Opfer in Panik. Obwohl nach Vergiftungen durch Portugiesische Galeeren nur ganz wenig Todesfälle bekannt geworden sind, wissen wir natürlich nicht, wieviele ungeklärte Fälle von Ertrinken auf ihr Konto oder dasjenige anderer Nesseltiere gehen.

Portugiesische Galeere (*Physalia physalis*), rechts Tentakeln

Im atlantischen Ozean treffen wir *Physalia physalis*, an. Im pazifischen Ozean gibt es noch die „Bluebottle" (*Physalia utriculus*), welche nur eine einzige Tentakel besitzt.

Gestrandete „Bluebottles" (*Physalia utriculus*)

© 2001 JUMEBA, Jürg Meier

Häufig werden Quallen an Meeresstrände angeschwemmt. Dort verlieren diese an sich wunderschönen, filigranen Tiere ihre Eleganz und werden zu hässlichen gallertigen Klumpen. Fassen Sie auch angeschwemmte Quallen nicht an, denn sie feuern ihre Nesselkapseln ab, solange sie noch feucht sind!

ᘓᘓᘓᘓ

Wahrscheinlich ist die zu den Kastenquallen (Klasse *Cubozoa*) zählende Seewespe *Chironex fleckeri* das gefährlichste Gifttier der Meere. Fünfundsechzig verbürgte Todesfälle gehen auf ihr Konto.

Dummerweise vermehren sich Seewespen in Flussmündungen Nordaustraliens, um in den Sommermonaten als Medusen meerwärts auszuschwärmen. Deshalb treten sie dann häufig in grosser Zahl an den Küsten Queenslands von Gladstone bis nach Broome in Westaustralien auf. Mit bis zu sechs Kilogramm Körpergewicht sind Seewespen relativ grosse Quallen. Am glockenförmigen Schirm von nur etwa zwanzig Zentimetern Durchmesser hängen vier Tentakelbündel von gegen zwei Metern Länge. Im Gegensatz zu den Staatsquallen sind Schirm- und Kastenquallen aktive Schwimmer, indem sie sich durch Kontraktion des Schirms nach dem Rückstossprinzip vorwärts bewegen können.

Weil Seewespen sich in Strandnähe aufhalten, geschehen die meisten Unfälle im seichten Wasser. Sofortige, sehr starke Schmerzen bringen die Patienten in akute Ertrinkungsgefahr. Der Versuch, sich von den Tentakeln zu befreien, macht alles nur schlimmer. durch die Berührung werden ständig weitere Nesselkapseln abgefeuert. Je grossflächiger die Nesselungen sind, desto stärker zeigen sich auch die Vergiftungssymptome. Das Gift wirkt ausserordentlich rasch und in Extremfällen kann der Tod innerhalb von wenigen Minuten eintreten.

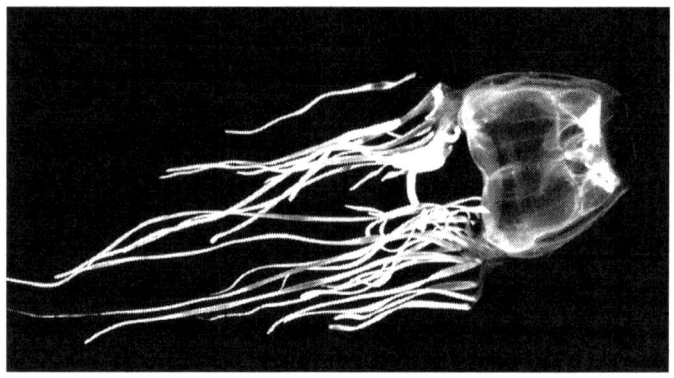

Australische Seewespe *(Chironex fleckeri)*

Der Vergiftungsweg wird bis heute nur ungenügend verstanden. Atemlähmung oder Herzstillstand können den Tod herbeiführen. Oft wird der Patient bewusstlos, bevor er sich an Land retten kann.

Die australischen Gesundheitsbehörden unternehmen grosse Anstrengungen, die Strände sicher zu machen. Warnplakate weisen auf die Gefahren hin. Weinessig steht an den Stränden zur Verfügung, weil er hilft, an der Haut anhaftende Tentakeln zu inaktivieren. Ein spezifisches Antivenin wird hergestellt und ist an den Stränden bei Lebensrettern vorhanden.

Zur Vorbeugung werden ganze Strandabschnitte mit Netzen gesichert, die Seewespen zurückhalten. Schliesslich können Kunststoffanzüge, die sogenannten „Stinger suits" gekauft werden, die von den Nesselkapseln der Kastenqualle nicht durchschlagen werden können.

Allerdings ist auch die Seewespe trotz ihres riesigen Giftarsenals keineswegs vor Feinden sicher. Karett-schildkröten und einige Fischarten fressen Kasten-quallen ohne die geringsten Anzeichen von Missbe-hagen!

✄ ✄ ✄ ✄

Manche Lebewesen machen sich das Giftarsenal von Nesseltieren zunutze. So kennen wir die Ane-monen- oder Clownfische, die in den Tentakeln von Seeanemonen leben und dort weitgehenden Schutz vor Fressfeinden geniessen. Warum werden sie nicht genesselt? Da müssen wir noch weiter vorne beginnen und uns die Frage stellen, warum sich die vielen Tentakeln einer Seeanemone, die sich ja ständig berühren, nicht gegenseitig nesseln? Offen-sichtlich ist die Oberfläche der Seeanemone mit ei-nem Schleim überzogen, welcher die Nesselkapseln daran hindert, die eigenen Tentakel zu nesseln. Da-von machen die Anemonenfische Gebrauch, indem sie sich immer wieder an die Unterseite der Anemo-ne begeben, wo nur wenig Nesselzellen vorhanden sind. Dort schleimen sich die Fische ein, indem sie sich an den Anemonenkörper schmiegen. Dieses Verhalten der Fische ist übrigens angeboren, was das Wunder jedoch nicht kleiner macht.

Noch unglaublicher sind aber manche Nacktkie-merschnecken. Kein Häuschen gibt ihnen die Mög-lichkeit des Rückzuges, falls ein Feind in der Nähe ist. Keine sichtbaren Waffen sind vorhanden, mit denen man sich wehren könnte. Allerdings pflegen viele dieser Meerestiere, die als „Eiweissklumpen" für Räuber nichts weiter als „ein gefundenes Fressen" darstellen würden, Giftstoffe zu enthalten, die einen abstossenden Geschmack erzeugen und oft auch Unwohlsein hervorrufen. Lernfähige Feinde meiden dann in der Regel solche Nahrung.

Manche Nacktkiemerschnecken ernähren sich gezielt von Nesseltieren. Wie bringen sie es fertig, die Nesselkapseln zu fressen, ohne dass diese abgefeuert werden? Wie können die Nesselkapseln durch den Verdauungstrakt in die Körperanhänge transportiert werden? Diese Fragen können wir bis heute nicht beantworten. Fest steht allerdings, dass die Nesselkapseln nun abgefeuert werden, sobald ein Fressfeind die Haut der Nacktkiemerschnecke berührt. Wenn das nicht faszinierend ist!

Eine Nacktkiemerschnecke (Originalgrösse 2 cm)

ᔕᔕᕈᕈ

© 2001 **JUMEBA**, Jürg Meier

Nesseltiere

?

1. Wo liegt der Unterschied zwischen „Hohltieren" und „Nesseltieren"?

Der Stamm Nesseltiere (Cnidaria) zählt zusammen mit den Rippenquallen (Stamm Ctenophora) zur zoologischen Unterabteilung Hohltiere (Coelenterata). Da sich Rippenquallen von Kleinstlebewesen („Plankton") ernähren, besitzen sie keine Nesselkapseln und scheinen auch sonst vergleichsweise „ungiftig" zu sein.

2. Wie ernähren sich Nesseltiere?

Nesseltiere ernähren sich räuberisch und brauchen deshalb geeignete Mittel, um Beutetiere überwältigen zu können. Das Vorhandensein von Nesselkapseln dürfte ursächlich mit dieser Ernährungsweise zusammenhängen,

Nesseltiere jagen nicht aktiv, sondern fangen und immobilisieren Beutetiere, die sich in ihren Tentakeln verfangen. Die Nahrung wird anschliessend einem Mund zugeführt (bei Hydroidpolypen, Korallen, Seeanemonen, Quallen) oder von spezialisierten „Fresspolypen" aufgenommen (bei Staatsquallen).

3. Woraus bestehen die Gifte von Nesseltieren und wie wirken sie?

Nesseltiergifte sind artspezifische Gemische unterschiedlicher chemischer Substanzklassen. Biogene Aminen wie Histamin, Serotonin und Dopamin haben eine Wirkung auf den Blutdruck und erzeugen

Schmerz. Temperaturempfindliche Eiweisse sind nur schwer zu untersuchen, können aber zu Herz- und Nervenlähmungen führen Ausserdem verdauen sie Hautgewebe, führen zu Nekrosen, und können rote Blutkörperchen zum Platzen bringen (*Haemolyse*). Als Spätfolge solcher Nesseltiervergiftungen kann der Tod durch Nierenversagen eintreten. Auch langkettige Kohlenhydrate wurden im Gift mancher Nesseltiere gefunden und können zur Giftwirkung beitragen.

Nicht zu unterschätzen sind die allergischen Sofortreaktionen, die bei überempfindlichen Menschen lebensbedrohliche Symptome hervorrufen können.

4. Welches sind die medizinisch bedeutsamsten Nesseltiere?

Zunächst sei festgehalten, dass jährlich mit Abertausenden von Nesseltiervergiftungen gerechnet werden muss. Die überwiegende Mehrzahl dieser Unfälle führt allerdings zur völligen Genesung der Patienten.

Verbürgte Todesfälle kennen wir von folgenden Nesseltierarten: „Seewespe" oder „Box Jellyfish" (*Chironex fleckeri*) in den Küstengewässern Australiens, „Seenesseln" (*Chiropsalmus quadrigatus*) auf den Philippinnen und im Indopazifik und *Chiropsalmus quadrumanus* im Golf von Mexico als Vertreter der Würfelquallen (Klasse Cubozoa). Todesfälle sind ausserdem möglich bei der sehr kleinen „Irukandji" (*Cariuka barnesi*) in Australien und Arten der Gattung *Carybdea*, beispielsweise im Golf von Oman.

Unter den Schirmquallen (Klasse Scyphozoa) dürften vor allem die stark allergenen Eigenschaften der Gifte zu lebensbedrohlichen Symptomen führen, wie dies unlängst für die *Art Pelagia noctiluca* im Mittelmeer beschrieben wurde.

Mehrere Todesfälle sind in der Klasse Hydrozoa bei den „Staatsquallen" (Siphonophora) durch die „Portugiesische Galeere" (*Physalia physalis*) an der Ostküste der Vereinigten Staaten von Amerika verursacht worden. Kein einziger Todesfall wurde bis heute von der pazifischen „Bluebottle" (*Physalia utriculus*) beschrieben, obwohl diese Art im indopazifischen Raum wahrscheinlich für die meisten Nesselungen verantwortlich ist.

Nicht zu vergessen sind die vielen Verletzungen, die dadurch zustande kommen, dass sich Badende an Korallenskeletten verletzen. Obwohl die sehr kleinen Korallenpolypen nicht in der Lage sind, menschliche Haut zu nesseln, führen Korallenverletzungen nicht selten zu lästigen Infektionen an den betroffenen Hautstellen.

5. Mit welchen Massnahmen können wir uns gegen Nesselungen schützen?

In Australien, wo viele der medizinisch bedeutsamen Nesseltiere vorkommen, findet man an den Stränden oft Warntafeln. Diese sollten unbedingt beachtet werden.

Fassen Sie niemals an Land geschwemmte Nesseltiere an. Solange die Tentakeln feucht sind, können sie bei Berührung noch nesseln.

In Küstenregionen, wo medizinisch bedeutsame Nesseltiere vorkommen, kann man sich mit Tauchanzügen oder eigens vertriebenen „Stinger Suits" aus Nylon gegen Nesselungen nachhaltig schützen. Bei stürmischem Wetter sollte man dort generell nicht baden, weil der starke Wellengang Nesseltiere gleichsam zum Strand hin „peitschen" kann.

6. Was ist zu tun, wenn wir von einem Nesseltier genesselt wurden?

Die wichtigste Erste Hilfe-Massnahme besteht darin, das Wasser sofort zu verlassen. Wegen sehr rasch sich entwickelnden starken Schmerzen besteht nämlich akute Ertrinkungsgefahr.

Es wird empfohlen, die genesselten Stellen mit Weinessig oder Alkohol zu übergiessen, da dies die Giftstoffe inaktivieren soll. In Australien ist an den Stränden oft auf Pfählen Weinessig verfügbar.

Oft haften Reste von Tentakeln an den genesselten Hautstellen. Diese sollte man nie mit blossen Händen anfassen, sondern mit einem trockenen Tuch, einem Holzstück oder ähnlichem abreiben. Es kann sinnvoll sein, die anhaftenden Tentakeln zunächst mit trockenem Sand auszutrocken, bevor man sie abzuwischen versucht.

7. Und wie steht es mit der „Warmwassertherapie?"

Auch bei Nesseltiervergiftungen kann die Warmwassertherapie helfen, weil etliche Eiweisse in den Giften durch Wärme zerstört werden. Vergessen Sie aber nie, dass Wasser von mehr als 45 °C Wärme kaum auszuhalten ist und überdies zu Verbrennungen führen kann.

8. Haben Nesseltiere auch Feinde?

Auch Nesseltiere haben Feinde. Meeresschildkröten pflegen selbst hochgiftige Seewespen mit grossem Appetit und ohne gesundheitliche Beeinträchtigung zu verschlingen. Manche Meeresschnecken haben sich auf ihren Verzehr spezialisiert und einige Arten pflegen – wie wir gesehen haben – ihre Nesselkapseln sogar im eigenen Körper als Waffe gegen Raubfeinde einzusetzen.

Ein besonderer Feind von Korallen ist der „Dornenkronenseestern" *(Acanthaster plancki)*, der im Gegensatz zu „normalen" Seesternen 15 und mehr „Strahlen" ausbildet. Von Zeit zu Zeit tritt der Dornenkronenseestern in Massen auf und wird dann zu einem eigentlichen Riffzerstörer, weil er ganze Korallenriffe abgrast. Über die Gründe solchen Massenauftretens haben wir noch keine sicheren Befunde. Es wird aber diskutiert, dass die Überdüngung der Meere durch Umweltverschmutzung dieses Massenauftreten begünstigen könnten.

9. Kann man Nesseltiere auch essen?

Nesseltiere sind Bestandteil der chinesischen, japanischen und koreanischen Küche. Für den mitteleuropäischen Gaumen zählt der Verzehr dieser gallertigen Kost allerdings kaum zum Höchsten der Genüsse.

10. In welchen Regionen der Erde bilden Nesseltiere eine Gefährdung?

An allen Küsten Nordamerikas kommen medizinisch bedeutsame Nesseltiere vor. In Südamerika beherbergen vor allem die tropischen Atlantikküsten medizinisch bedeutsame Nesseltiere. Im europäischen Atlantik und der Nordsee sind Quallen häufig. Besondere Vorsicht ist an den Atlantikküsten Portugals geboten („Portugiesische Galeeren"). Die tropischen Küsten Afrikas und der ganze Indopazifische Raum sind Orte grösster Verbreitung für Nesseltiere. Schliesslich hält auch das Mittelmeer Überraschungen bereit und mahnt uns im Hinblick auf Nesseltiere zur Vorsicht.

Gefahr aus dem Kochtopf

„Bevor Du was tust, was Du bereuen könntest – ich bin giftig!"

Nagaoka-San war selber schuld, dass er mit mir eine Giftschlange essen musste. Hätte er mich zur verabredeten Zeit im Hotel in Tokio abgeholt, wären wir zur rechten Zeit, nämlich schon um zehn Uhr im Japan Snake Institute bei Professor Sawai eingetroffen. So aber kamen wir erst zur Mittagszeit dort an und Professor Sawai lud uns mit verklärten Augen zu „Mamushi" ein. So heisst die dortige Lanzenotter *(Agkistrodon blomhoffi)*, von der etliche Exemplare in einer Schlangengrube vor der Küche des Restaurants hausten. Mit einem geübtem Griff holte der Koch ein Tier mit seinem Haken aus der Grube, schlug ihm den Kopf ab, entfernte Haut und Innereien und drehte den Rest durch einen Fleischwolf. So assen wir alsdann gebratene „Mamushi-Burger". Ich hatte keine Probleme, während der arme Nagaoka-San bei jedem Bissen, den er hinunterwürgte, die Augen gequält verdrehte. Stilgerecht wurde zu dieser Mahlzeit auch noch „Mamushi-Sake" getrunken. Dies ist ein alkoholischer Schlangenextrakt. Aus der Flasche lächelte uns ein Schlangenleichnam an. Professor Sawai, selbst schon im achten Lebensjahrzehnt stehend, erklärte mir, dass „Mamushi-Sake", täglich getrunken, für die Kraft in des Mannes Lenden sorge. Davon spürte ich weder während noch nach dem Trinken etwas – mag sein, dass das Getränk erst ab einem gewissen Alter seine diesbezügliche Wirkung entfaltet.

Nach dem Essen konnte Nagaoka-San uns nicht auf den interessanten Rundgang durch das Japan Snake Institute begleiten. Es war ihm schlecht. So wartete er, leicht grünlich im Gesicht auf einer Ruhebank im Garten, bis ich meine Wissbegier gestillt hatte.

„Kann man alle Giftschlangen essen?" lautete die Frage einer Teilnehmerin des diesjährigen Tropenkurses am Schweizerischen Tropeninstitut. Die Frage kann mit „Ja" beantwortet werden, weil die Giftbestandteile der Schlangen aus Eiweiss bestehen. Wie ein gutes Stück Fleisch werden diese in unserem Verdauungstrakt in die Einzelmoleküle zerlegt und zwecks Aufbau körpereigener Substanz in unser Blut aufgenommen. Es gibt aber durchaus auch durch Gifttiere verursachte Gefahren im Kochtopf. Diesen wenden wir uns im folgenden zu.

Sollten Sie nach dem Verzehr eines Thonsalates je von Bauchkrämpfen, Schwindel, Kopfschmerz, Durchfall, Erbrechen, Rötung des Gesichts und Nesselausschlag (*Urtikaria*) am Körper, Blutdruckabfall und Trockenheit des Mundes geplagt worden sein, quälte Sie mit hoher Wahrscheinlichkeit eine „Scombroid-Vergiftung". In der Tat ist dies eine der wohl häufigsten Vergiftungen nach einer Fischmahlzeit. Nun sind Thunfische, Sardellen, Makrelen und andere zur Familie Scombridae zählende Speisefische und auch Sardinen ja nicht eigentlich giftig. In der Tat handelt es sich um „verdorbenen Fisch", wenn es zur „Scombroid-Vergiftung" kommt. Wie bei uns bietet auch die Haut von Thunfischen einer Riesenzahl von Bakterien Lebensraum. (Nebenbei bemerkt: wenn Sie Ihre(n) Liebste(n) küssen, wechseln im Durchschnitt 30'000 Bakterien den Besitzer. Lassen Sie sich aber deshalb ja nicht davon abbringen, diese stressabbauende Tätigkeit weiterhin fleissig zu pflegen...). Nun, an sich ist die Sache auch bei Thun- und anderen Fischen nicht weiter schlimm. Es sei denn, dass die Tiere nach einem Fischzug zu lange an der Sonne liegend, ihrer weiteren Verarbeitung harren müssen. Erhöhte Temperaturen steigern die Vermehrungsrate von Bakterien ins Unermessliche. Dadurch wird auch ihr Nahrungsbedarf erhöht. Thunfische sind Schwarmfische und damit gute Schwimmer. Ihr Muskelfleisch enthält viel von der Aminosäure Histidin. Durch die Bakterienverdauung entsteht aus Histidin das Histamin. Letzteres ist der Stoff, der uns brennt, wenn wir in eine Brennnessel gefasst haben. Nehmen wir nun mit dem „verdorbenen" Thunfisch Histamin in einer Grössenordnung von mehr als 1'000 Milligramm auf, kommt es zu den oben beschriebenen Symptomen. Je nach Menge des aufgenommenen Histamins sind die Symptome mehr oder weniger stark. Es handelt sich um das klassische Bild einer Histaminvergiftung. In der Regel fühlt man sich nach einem Tag, an dem man am liebsten sterben möchte, wieder gut. Übrigens können Sie dieselben Symptome durch übermässigen Genuss qualitativ minderwertigen Weines ebenfalls hervorrufen. Histamin ist also der Stoff, der auch für „den Kater" verantwortlich ist.

Untersuchungen durch die Lebensmittelkontrolle in meinem Wohnortkanton Baselland haben ergeben, dass Thunfischkonserven auch zu „Scombroid-Vergiftung" führen können, wenn sie in Restaurationsbetrieben unsachgemäss aufbewahrt werden. Vor allem Sardellen und Thunfisch auf Pizzas waren dort die Verursacher der Vergiftungen.

Was für den Schweizer das Kartoffelgericht „Rösti" ist für den Japaner „Fugu". Diese Fischgerichte werden in Japan in eigens lizenzierten Fugu-Restaurants von November bis März angeboten. Es handelt sich um Kugelfische und deren Verwandte aus der Gruppe der „Tetraodontiformes", die – je nach Art – in unterschiedlichen Körpergeweben das Tetrodotoxin in unterschiedlicher Konzentration enthalten. Tetrodotoxin ist ein relativ kleines, hochkompliziertes chemisches Molekül, das durch Kochen nicht inaktiviert wird. Kommt es in unseren Körper, setzt es sich wie ein Zapfen in den Natriumionenkanälen unserer Nerven und bringt unsere Nervenaktivitäten längerfristig zum Erliegen. Ein kribbelndes Gefühl um die Mundregion und auf der Zunge läuten den Reigen ein, der in einer vollständigen Atemlähmung gipfeln kann – und dies bei vollem Bewusstsein!

Japanische Fuguköche durchlaufen eine besondere Ausbildung. Böse Zungen behaupten, dass der Fugukoch anlässlich der Abschlussprüfung seine selbst zubereitete Mahlzeit essen muss. Überlebt er diese, hat er die Prüfung bestanden. Vor einigen Jahren gaben mein australischer Kollege Julian White und ich das „Handbook of Clinical Toxicology of Animal Venoms and Poisons" heraus. Als ich mit Dr. Nobuo Kaku das Kapitel über Fugu-Vergiftungen schrieb, gingen wir der Sache auf den Grund. Nach offizieller Statistik sterben in Japan jedes Jahr 5 Menschen nach dem Genuss von Fugu.

Die Fugu-Restaurants dürfen heute als sicher gelten. In der Regel sind Sportfischer, die sich die Tiere selbst aus dem Meer holen, besonders gefährdet. Als Beispiel sei jene Familie erwähnt, die an der Küste Ost-Australiens campierte. Sie angelte etwa zwanzig kleine Kugelfische und weichte sie über Nacht gehäutet in Meerwasser ein. Am darauffolgenden Morgen wurden diese von der Mutter gekocht und zum Mittagessen gereicht. Kurze Zeit später wurde das Zelt abgebrochen und man bereitete sich auf die Weiterreise vor, als der vierzehnjährige Sohn über Gefühllosigkeit im Zungenbereich klagte, und ein allgemeines Gefühl der Leichtigkeit und des Schwebens äusserte. Dreiviertelstunden später erbrach er sich und klagte über Schluckbeschwerden. Man brachte ihn sofort in ein Krankenhaus, wo er – mittlerweile ohne Spontanatmung – aufgenommen wurde. Der Patient blieb während mehr als zwölf Stunden völlig gelähmt und musste künstlich beatmet werden. Erst allmählich bewegte er dann seine Augenlider wieder. Nach vierundzwanzig Stunden konnte die künstliche Beatmung beendet werden und in den folgenden Stunden erholte sich der Junge vollständig.

Die weiteren Familienmitglieder waren weniger schwer betroffen, die Mutter klagte über keine Beschwerden. Wie bei Müttern üblich, war sie mit Kochen beschäftigt; das Essen trat bei ihr in den Hintergrund. Es kann noch erwähnt werden, dass eine Krähe, welche die Familie als Haustier hielt, ebenfalls mit den Fischresten gefüttert worden war. Für sie war es die letzte Mahlzeit...

Das oft beschriebene eigenartige Kribbeln im Mundraum, sowie die Gefühle von Leichtigkeit und Schweben mögen mit ein Grund sein, dass „Fugu" bei den Japanern derart hoch im Kurs ist. Dafür könnten geringe Konzentrationen von Tetrodotoxin verantwortlich sein, die in den Gerichten vorhanden sind.

Für uns Gifttierkundler ist Tetrodotoxin auch deshalb besonders faszinierend, weil man dieses Gift nicht nur in Igelfischen und deren Verwandten, sondern auch in manchen Fröschen, Salamandern, Seesternen, Meeresschnecken, Muscheln und Tintenfischen gefunden hat. Möglicherweise hat das Tetrodotoxin in diesen unterschiedlichen Tiergruppen dieselbe Herkunft. Wir wissen heute, dass manche Bakterien in der Lage sind, Tetrodotoxin herzustellen.

Igelfisch *(Arothron hispidus)*

ᘓᘓᘒᘒ

Ciguatera ist die weltweit häufigste nichtbakterielle Lebensmittelvergiftung. Nach offizieller Statistik haben jährlich mindestens 50'000 Menschen an dieser Vergiftung zu leiden. Ciguatera kommt über die Nahrungsketten zustande. „Cigua" nannten übrigens die spanischen Eroberer im Kuba des 15. Jahrhunderts die Meeresschnecke *Turbo pica*, deren Genuss zu Vergiftungserscheinungen führte. Kleinste Mengen an Gift, die von einem Lebewesen aufgenommen und nicht abgebaut werden, häufen sich über die Nahrungskette an, bis sie toxische Konzentrationen erreichen. Der Nächste in der Reihe, der solche Giftstoffe mit der Nahrung aufnimmt, zeigt dann Vergiftungssymptome.

Beispiel einer Nahrungskette

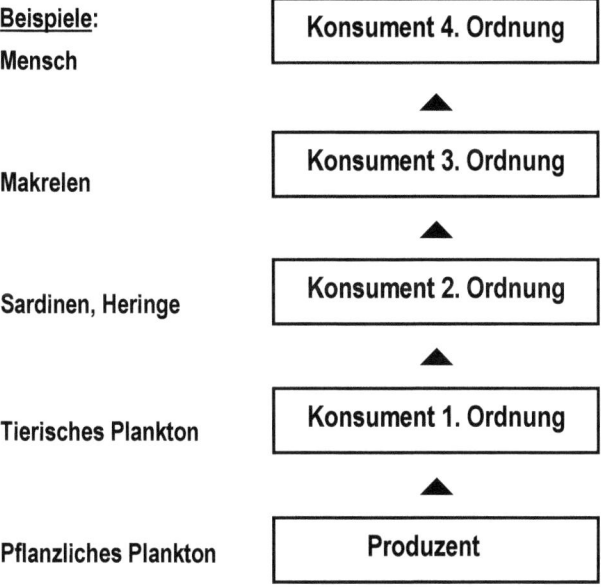

Beispiele:	
Mensch	Konsument 4. Ordnung
Makrelen	Konsument 3. Ordnung
Sardinen, Heringe	Konsument 2. Ordnung
Tierisches Plankton	Konsument 1. Ordnung
Pflanzliches Plankton	Produzent

So richtig eindrücklich wird die Sache allerdings erst, wenn wir die Nahrungskette als Nahrungspyramide betrachten, zeigt doch erst diese die enormen Mengenverhältnisse, die da zusammen kommen.

Hinter einem Menschen, der durch den Verzehr von Sardinen ein Kilogramm an Gewicht zulegt, stehen nicht weniger als ungefähr zweieinhalb Tonnen pflanzliches Material am Anfang der Nahrungskette! Denken Sie daran, wenn Sie das nächste Mal so richtig zulangen.

Die folgende Abbildung zeigt uns diese Zusammenhänge. Am Beispiel des Umweltgiftes DDT (Kreise) ist ausserdem aufgezeigt, wie solche Substanzen „auf dem Weg nach oben" angehäuft werden, um plötzlich in toxischer Konzentration vorhanden zu sein. „ppm" bedeutet übrigens „part per million", zum Beispiel also 1 Millionstel Gramm in einem Gramm.

Nahrungspyramide

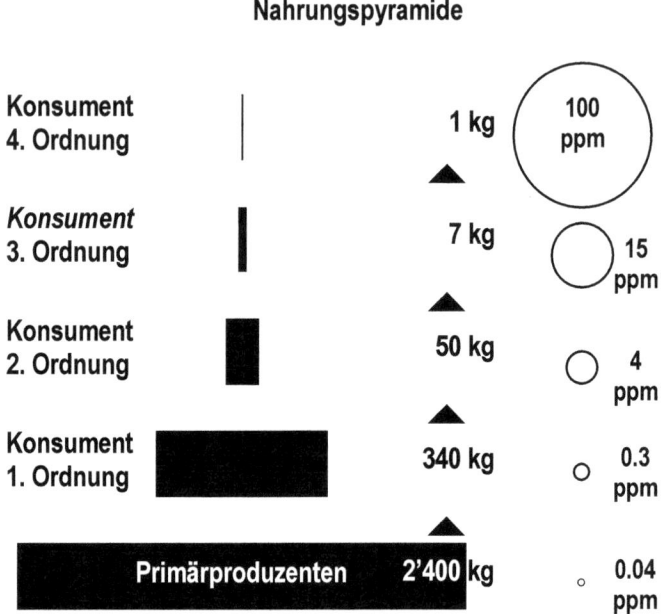

Konsument 4. Ordnung		1 kg	100 ppm
Konsument 3. Ordnung		7 kg	15 ppm
Konsument 2. Ordnung		50 kg	4 ppm
Konsument 1. Ordnung		340 kg	0.3 ppm
Primärproduzenten		2'400 kg	0.04 ppm

Am Anfang der Ciguatera stehen einzellige Panzergeissler-Algen, die wir wissenschaftlich auch als Dinoflagellaten bezeichnen. Der wichtigste Verursacher für Ciguatera ist *Gambierdiscus toxicus*, was mit „giftiges Oval von den Gambier-Inseln" übersetzt werden könnte. Dieser Panzergeissler „klebt" an vielzelligen Algen, die ihrerseits von Friedfischen gefressen werden. Der Giftstoff Ciguatoxin dient *Gambierdiscus toxicus* dazu, sein Erbmaterial zu stabilisieren. Er wird vom Friedfisch nicht verdaut, sondern bleibt in dessen Körper. Auch in Raubfischen wird er angehäuft. Im Menschen, dem üblicherweise letzten „Raubfisch" in der Kette, führt Ciguatoxin dann zu Ciguatera, jener unangenehmen Vergiftung, die sich im Magendarmbereich (mit Übelkeit, Erbrechen, Durchfall und Bauchkrämpfen), im Nervensystem (Krämpfe gefolgt von Lähmungserscheinungen) und seltener, im Herzkreislaufsystem (durch Kreislaufschock und Herzstillstand) bemerkbar machen kann. Diese Symptome setzen meist innerhalb der ersten sechs Stunden nach der Fischmahlzeit ein. Während sich der Magendarmtrakt innerhalb von acht bis zehn Stunden wieder beruhigt, können Taubheitsgefühle und Juckreiz noch während Wochen – ja manchmal mehrere Monate – anhalten.

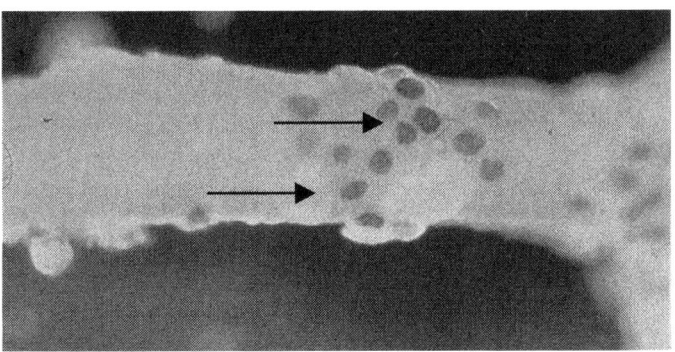

Einzelleralgen (*Gambierdiscus toxicus,* siehe Pfeile), an einer Alge anhaftend. Solche giftigen Einzeller führen über den Weg der Nahrungskette zu Vergiftungen bei Menschen, Fischen und Meeressäugetieren.

Ciguatera ist nur sehr selten tödlich (man rechnet damit, dass etwa jeder tausendste Patient stirbt...).

Möglicherweise hängt dies damit zusammen, dass Raubfische gegen das Gift auch nicht völlig unempfindlich sind. Fische, die wahrhaft hohe Dosen an Ciguatoxin enthalten, sterben daher normalerweise, bevor sie auf einem Teller landen.

Das kleinmolekulare Ciguatoxin ist hitzestabil und wird deshalb beim Kochen nicht inaktiviert. Man kann weder riechen, sehen, noch schmecken, ob ein Fisch Ciguatoxin enthält. Im Gegensatz zum Tetrodotoxin, das die Natriumionenkanäle „verstopft", werden jene durch Ciguatoxin geöffnet und verharren in diesem Zustand. Theoretisch könnte man daher eine „Ciguatera-Vergiftung" mit Tetrodotoxin behandeln, aber wer will schon den Teufel mit dem Beelzebub austreiben...

Ciguatera wurde in mehr als vierhundert unterschiedlichen Fischen der warmen Meere beschrieben. Früher konnte man einen weltweiten „Ciguatera-Gürtel" zwischen dem 35. nördlichen und dem 35. südlichen Breitengrad ausmachen. Da heute beinahe jeder Fisch an fast jedem Ort der Welt erhältlich ist, kann Ciguatera theoretisch allerdings auch zu Hause in den Kochtopf gelangen. Der Schweregrad von Ciguateravergiftungen kann stark variieren. Dies auch deshalb, weil neben Ciguatoxin auch noch andere Toxine mit wohlklingenden Namen wie Maitotoxin, Scaritoxin, Ciguaterin und das hochgiftige Palytoxin an der Vergiftung beteiligt sein können. Ciguatera ist also nach heutigem Kenntnisstand eine Sammelbezeichnung für tropische Fischvergiftungen, die Einzeller verursachen.

Der jedes Jahr durch Ciguatera verursachte volkswirtschaftliche Schaden ist enorm, da der Fischfang auf tropischen Inseln oft die einzige Einnahmequelle ist.

Tropische Riff-Fische sind oft bizarr gefärbt und geformt und ausserdem oft schuppenlos. Schon im Alten Testament der Bibel findet sich deshalb der weise Hinweis: *„Denn alles, was nicht Flossen und Schuppen hat im Wasser, sollt ihr verabscheuen."* (3. Mose 10, 11). Um auf der sicheren Seite zu sein, kann man auch heute noch diesen biblischen Rat beherzigen.

In den Meeren der gemässigten Zonen sind es Muschelvergiftungen, die uns das Leben schwer machen können. Auch hier sind die Verursacher einzellige Panzergeissler verschiedener Arten. Sie vermehren sich zu gewissen Zeiten an manchen Orten derart in Massen, dass sie – je nach Art – das Meer rot verfärben oder des Nachts zum Leuchten bringen. Neuste Forschungsresultate zeigen, dass die Überdüngung der Meere mit Phosphor und Stickstoff solche Algenblüten begünstigen.

Die erste der zehn Plagen zu Beginn des Auszugs der alten Israeliten aus Ägypten beschreibt höchst wahrscheinlich eine „Red Tide" (vgl. 2. Mose 7, 14ff). Auch der Namen des Roten Meeres dürfte auf solche Phänomene zurückzuführen sein.

Im Gegensatz zu *Gambierdiscus toxicus*, dem Verursacher der Ciguatera, sind diese Einzeller freischwimmend und werden durch die festsitzenden Muscheln aus dem Wasser heraus- und in den Magendarmtrakt hineinfiltriert. Auch hier sind es die Stabilisatoren des Erbmaterials der Einzeller, die in den Tieren angehäuft werden.

Landen die Muscheln auf unserem Teller, sind vier unterschiedliche Vergiftungserscheinungen möglich.

Paralytic Shellfish Poisoning („PSP") – die „Lähmende Muschelvergiftung"

Bei dieser bekanntesten aller Muschelvergiftungen treten 30 Minuten bis 24 Stunden nach der Muschelmahlzeit Kribbeln im Mundbereich und Muskelschmerzen auf. Übelkeit, Erbrechen und Durchfall sind möglich, aber nicht die Regel. In schweren Fällen kommt es zu Lähmungserscheinungen und Atemversagen kann zum Tod führen.

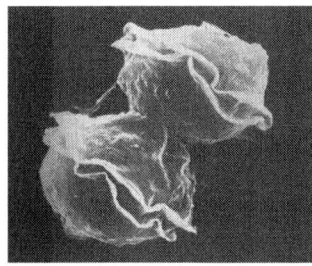 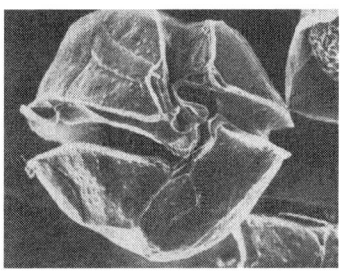

Alexandrium catenella (früher *Gonyaulax catenellae*) und *Alexandrium excavata* (rechts), zwei Verursacher von Paralytic Shellfish Poisoning.

Im Durchschnitt sterben fünf von Hundert Patienten an dieser „lähmenden Muskelvergiftung".

Der verursachende, ebenfalls hitzestabile und wasserlösliche Giftstoff heisst Saxitoxin oder auch Gonyautoxin und blockiert die Natriumionenkanäle der Nerven.

Neurotoxic Shellfish Poisoning („NSP") – die „Neurotoxische Muschelvergiftung"

Gymnodinium breve (vormals *Ptychodiscus brevis*) ist der Verursacher dieser zweiten Art von Muschelvergiftungen, die auf das Nervensystem wirken. Das Brevetoxin stimuliert die Natriumionenkanäle und führt zur Kontraktion der glatten Muskulatur. Übelkeit, Bauchschmerzen, Durchfall und Koordinationsstörungen sind die Folge. In schweren Fällen kann es zu Krampfanfällen kommen. Lähmungen kommen bei der „NSP" nicht vor. Todesfälle sind nach dieser Form der Muschelvergiftung bis heute nicht bekannt geworden. Die Symptome können allerdings während zwei bis fünf Tagen andauern.

Das „Brevetoxin" ist ein hitzestabiles, fettlösliches, kompliziert gebautes Polyketon-Molekül.

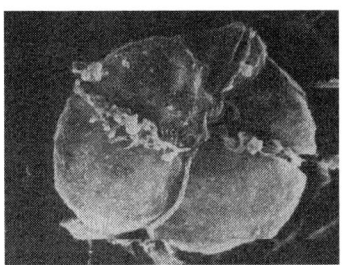

Gymnodinium breve (früher *Ptychodiscus brevis*), ein Verursacher von Neurotoxic Shellfish Poisoning.

Diarrhetic Shellfish Poisoning („DSP") – die "Durchfall-verursachende Muschelvergiftung"

Diese Form von Muschelvergiftung führt innerhalb von einer halben bis zwei Stunden nach der Mahlzeit zu mehr oder minder schweren Brechdurchfällen, die spätestens nach drei Tagen abklingen. Verursacher sind Abkömmlinge der „Okadasäure", eines fettlöslichen Polyketons, das aus Panzergeisslern der Gattungen *Dinophysis* und *Prorocentrum* stammt.

Amnesic Shellfish Poisoning („ASP") – die „Amnesische Muskelvergiftung"

Bei der „Amnesic Shellfish Poisoning" treten die ersten Symptome meist innerhalb von fünf Stunden nach der Mahlzeit auf. Brechdurchfälle, Kopfschmerzen und Gedächtnisverlust sind die Folge. Schwere Vergiftungen können zu Bewusstlosigkeit, Herzrhythmusstörungen und einem permanenten Gedächtnisverlust von bis zu drei Monaten führen. Die Todesfallrate liegt bei vier Prozent. Verursacher ist die „Domosäure", ein Molekül, das strukturelle Ähnlichkeit mit der Aminosäure „Glutaminsäure" aufweist und wahrscheinlich als „Botenstoff" im Gehirn wirkt. Panzergeissler der Gattung *Nitzschia* beinhalten dieses Toxin.

ॐॐॐॐ

Falls Sie es nicht lassen können, Muscheln zu essen, kaufen Sie doch einfach keine Muscheln unbekannter Herkunft. Sammeln Sie keine Muscheln in der Nähe von Abwassereinläufen (obwohl sie gerade dort besonders üppig gedeihen), kochen Sie keine eigenartig riechenden oder bereits geöffneten Muscheln und informieren Sie sich bei den örtlichen Fischern. Auch Krebse und Pfeilschwanzkrebse können übrigens die erwähnten Giftstoffe enthalten, weil sie sich ebenfalls von solchen Einzellern zu ernähren pflegen.

In den Siebziger Jahren des 20. Jahrhunderts kam es erstmals zu einem Ausbruch von Paralytic Shellfish Poisoning in Südfrankreich. Das waren wir uns nicht gewohnt, galt doch das Mittelmeer als frei von Muschelvergiftungen. Es stellte sich dann auch rasch heraus, dass die Miesmuscheln, welche an des Mittelmeers Gestaden verspeist wurden, nicht etwa von der dortigen Küste stammten, sondern von der Atlantikküste Spaniens importiert worden waren. *„Verrückte Welt"*, ist man da zu sagen geneigt...

Wie Sie sehen, ist die Welt klein(er) geworden. Auch Muschelkonserven sind nicht ganz gefahrlos zu geniessen. Egal wo wir sie kaufen: hin und wieder enthalten sie Einzellergifte in erhöhter Konzentration. Von den Konservenherstellern will es natürlich niemand gewesen sein und die Geschichten werden dann oft als „Rufmordkampagnen" abgetan.

Wie dem auch sei, wahrscheinlich ist bei weitem nicht jeder Durchfall, den Sie oder ich in den Tropen überlebt haben, einzig dem ungewohnten Wasser zuzuschreiben...

ॐॐॐॐ

Passiv giftige Meerestiere

?

1. Was ist beim Verzehr tropischer Fische zu beachten?

Verzichten Sie grundsätzlich auf den Genuss von bizarr geformten, auffällig gefärbten und schuppenlosen Fischen. Diese können Tetrodotoxin enthalten oder über die Nahrungskette Toxine anreichern, die zur „Ciguateravergiftung" führen.

2. Ciguatera kann zu unterschiedlich schwerem Vergiftungsverlauf führen. Woran liegt das?

Es sind verschiedene Giftkomponenten, die in unterschiedlichen Mengen im betroffenen Fisch vorhanden sind. Ausserdem können sie in unterschiedlichen Organen in unterschiedlicher Konzentration vorkommen. Auch scheinen die Vergiftungen mit zunehmendem Alter und Körpergewicht des Patienten schwerer zu verlaufen. Dies alles führt zu stark unterschiedlichen Vergiftungsverläufen.

3. Können die Gifte medizinisch bedeutsamer passiv giftiger Meerestiere durch Kochen zerstört werden?

Nein. Es ist ein Charakteristikum dieser Gifte, dass sie durch Erhitzen nicht inaktiviert werden. Die Giftsubstanzen sind sehr klein und können deshalb durch erhöhte Temperaturen nicht zum Zerfallen gebracht werden.

4. Sieht man Muscheln an, wenn sie ungeniessbar sind?

Man sieht einer Muschel nicht an, ob sie eine grosse Zahl von giftigen Einzellern aufgenommen hat. Auf der Nordhalbkugel unserer Erde gilt aber als Faustregel, dass man Muscheln nur in den Monaten die ein „r" im Namen haben (also von September bis April) dem Meer entnehmen sollte. Toxische Einzelleralgen „blühen" im Sommer und deshalb ist die Vergiftungszeit in dieser Jahreszeit auch am grössten. Auf der Südhalbkugel ist die Geschichte dann umgekehrt, weil sich der Sommer dort in den Monaten mit „r" abspielt.

Da Muscheln generell nur ganz frisch gegessen werden sollten, gelten ausserdem die folgenden zwei Kochbuchregeln:

1. Die Muscheln müssen ganz fest geschlossen sein

2. Die Muscheln dürfen sich beim Kochen nur ganz leicht rötlich, nicht aber rot verfärben.

5. Wie steht es mit importierten Meerestieren?

In unserer globalisierten Welt kann man – genügend Kaufkraft vorausgesetzt – beinahe alle Lebensmittel überall bekommen. Damit ist auch das Risiko, sich zu Hause eine Muschel- oder Fischvergiftung zu holen, in den letzten Jahren stark gewachsen. Selbst Fisch- und Muschelkonserven können entsprechende Giftstoffe enthalten. Vorsicht also, wenn Sie sich die südliche Sonne in Form von tropischen Lebensmitteln auf den Tisch holen!

6. Wie steht es mit dem Genuss von Nesseltieren, Seesternen, Seeigeln und Seegurken?

Solche Lebewesen sind ein fester Bestandteil der chinesischen, japanischen und koreanischen Küche. In der Regel können sie auch gefahrlos verzehrt werden. Eine Ausnahme bilden die eigenartig wurstförmigen „Seegurken" oder „Seewalzen", die in „Meerfruchtsalaten" verwendet werden. Ihre Haut beinhaltet oberflächenaktive Giftstoffe, die etwa bei Fischen Atemnot verursachen können und in ihrem Darm hat es die sogenannten „Cuvier'schen Schläuche", die nach ihrem Entdecker, Baron Georges von Cuvier benannt sind. Diese werden bei Bedrohung ausgestossen und verderben so manchem Fressfeind das Vergnügen, eine Seegurke verspeisen zu wollen. Werden Seegurken unsachgemäss zubereitet und enthalten sie noch Spuren von Haut und Eingeweiden, ist mit unangenehmen Krampferscheinungen, Durchfall und Erbrechen zu rechnen.

Eine bedrohte Seegurke (rechts) hat ihre Cuvier'schen Schläuche ausgestossen

7. Worin äussern sich Vergiftungen nach dem Genuss von Meerestieren?

Meist beginnt es mit Übelkeit, Erbrechen und Schwindelgefühlen. Kribbeln im Mundbereich ist ebenfalls ein typisches Frühzeichen der beginnenden Vergiftung. Rötungen und Juckreiz im Gesichtsbereich, die über den ganzen Rumpf ausstrahlen können, sind ein weiteres Zeichen für solche Vergiftungen.

8. Welche Meerestiere können wir gefahrlos essen?

Die einfachste Faustregel lautet: *„Was die Einheimischen essen, kann auch ich essen."* Es lohnt sich deshalb, ortsansässige Menschen zu fragen, welche Lebewesen man nicht essen sollte. Im Zweifelsfall verzichtet man ganz auf entsprechende kulinarische Genüsse.

9. Welche Massnahmen zur Ersten Hilfe soll man ergreifen?

Wo es nicht von selbst geschieht, sollte man Erbrechen provozieren, indem man sich den Finger in den Hals steckt. Wo und wann immer möglich, sollte ein Arzt aufgesucht werden, da unangenehme Nervengiftwirkungen auftreten könnten.

10. Welche ökologischen und ökonomischen Auswirkungen haben passiv giftige Meerestiere?

Nicht nur im Zusammenhang mit Vergiftungsfällen beim Menschen sind die passiv giftigen Meerestiere bedeutsam. Wir stellen fest, dass giftige Algenblüten weltweit zunehmen und zwar vor allem in Küstenregionen. Da dort etwa ein Drittel der Primärproduktion der Meere stattfindet und etwa 70 Prozent der

Erdbevölkerung leben, lag der Verdacht nahe, dass menschliche Aktivitäten diese Zunahme zumindest mitverursachen. Das konnte mittlerweile bestätigt werden. Solche Algenblüten beeinträchtigen auch die marine Fauna. Massensterben von Seekühen (1996) und Buckelwalen (1987) konnten mit Blüten von Einzelleralgen in Verbindung gebracht werden. 1993 starben in einer Meeresbucht an der Küste der französischen Bretagne tonnenweise Seelachs und Seeforellen. Dieses Massensterben wurde durch die Alge *Heterosigma akashiwo* ausgelöst, die als „Fischvergifter" vorher nur in Japan, Kanada und Neuseeland bekannt war.

Offensichtlich ist die Seeschifffahrt an der Ausbreitung toxischer Einzelleralgen mitbeteiligt. In den Küstenregionen Südaustraliens treten neuerdings zunehmend Muschelvergiftungen auf, die durch *Alexandrium tamarense* verursacht werden. Es gilt mittlerweile als erwiesen, dass dieser Einzeller mit dem Ballastwasser grosser Schiffe eingeschleppt wurde.

Auch die wirtschaftlichen Auswirkungen von Muschelvergiftungen und Ciguatera sind beträchtlich und gehen alljährlich in die Millionen. Gerade auf Südseeinseln bildet der Fischfang oft das einzige Volkseinkommen. Ein Auftreten von Ciguatera im betreffenden Archipel entzieht der Bevölkerung in der Regel die Existenzgrundlage für längere Zeit.

Vorbeugende Massnahmen

„Wenn er gute Schuhe trägt, haben wir keine Chance!"

Die zehn Gebote für sorgenloses Strandleben

1. Ich fasse keine unbekannten Tiere an, gleichgültig ob sich diese im Wasser aufhalten oder an Land geschwemmt wurden.

2. Ich trage auch im Wasser und am Strand Schuhe (alte Turnschuhe, Plastiksandalen oder ähnliches) mit guten Sohlen, da Schürf- und Stichwunden auch dann sehr unangenehm sind, wenn sie nicht von medizinisch bedeutsamen Gifttieren herrühren.

3. Im flachen Wasser schwimme ich, statt zu waten.

4. In Gebieten, wo gefährliche Nesseltiere vorkommen (asiatischer Indopazifik und Australien) beachte ich die Warnhinweise, bade nicht ausserhalb der speziell eingerichteten Quallennetze und trage einen Schutzanzug (Taucheranzug, „stinger suit").

5. Bei stürmischem Wetter und vermehrtem Auftreten von Quallen bade ich nicht.

6. Ich provoziere keine Tiere.

7. Ich verzichte darauf, bizarr gestaltete und leuchtend gefärbte Fische zu essen.

8. Ich esse keine schuppenlosen Fische.

9. Ich esse niemals Haut oder Innereien von Fischen.

10. Ich frage die örtliche Bevölkerung, welche Fische und „Meeresfrüchte" man nicht essen sollte.

Die zehn Gebote für sorgenloses Landleben

1. Ich schütze Beine und Füsse durch gute Schuhe und lange Hosen.

2. Ich trete beim Gehen fest auf und achte genau darauf, wo ich hintrete und hinfasse.

3. Ich untersuche Lagerplätze genau, bevor ich mich einrichte.

4. Ich schlafe im Freien nicht direkt auf dem Boden.

5. Ich gehe nachts mit Licht und sammle in der Dämmerung kein Holz.

6. Ich hebe Steine und andere Gegenstände am Boden so auf, dass allenfalls darunter verborgene Gifttiere fliehen können.

7. Ich lasse Kleidungsstücke und Schuhe auch im Haus nicht auf dem Fussboden herumliegen.

8. Ich halte um das Haus herum Ordnung und halte den Rasen kurz.

9. Ich reagiere bei der Begegnung mit einem Gifttier nicht panisch, sondern bleibe bewegungslos stehen, bis sich das Tier beruhigt und zurückzieht.

10. Ich berühre Gifttiere auch dann nicht, wenn sie tot sind oder tot erscheinen.

Erste Hilfe

Erste Hilfemassnahmen können von jedermann ausgeführt werden, benötigen kaum Hilfsmittel und dienen dem Zweck, die durch Tiergifte hervorgerufenen gesundheitlichen Beeinträchtigungen gering zu halten.

Die im folgenden aufgeführten Massnahmen zur ersten Hilfe wurden von einer Expertengruppe der Weltgesundheitsorganisation WHO vorgeschlagen.

Erste Hilfemassnahmen nach Gifttierunfällen haben zum Ziel,

1. lebensbedrohliche Giftwirkungen, die auftreten können, bevor der Patient medizinische Behandlung erfährt, zu verhindern bzw. zu verzögern,

2. den Transport des Patienten zum Ort medizinischer Behandlung zu beschleunigen,

3. schädliche Massnahmen zu verhindern.

Dies bedeutet im Besonderen:

● **Beruhigung des Patienten**

Viele Patienten geraten nach einem Unfall mit einem Gifttier (besonders nach Schlangenbissen) in panische Angst. Oberstes Gebot ist deshalb, Ruhe zu bewahren. Selbst Unfälle, die durch nachweislich sehr gefährliche Gifttierarten verursacht wurden, verlaufen in der Regel vergleichsweise glimpflich. Ist die Möglichkeit zur medizinischen Behandlung innerhalb von einigen Stunden nach dem Unfall gegeben, wird das Risiko gesundheitlicher Beeinträchtigung weiter reduziert. Wenn möglich, sollte man den Patienten nie alleine lassen.

● **Immobilisierung des Patienten**

Das (übermässige) Bewegen der von einem Biss bzw. Stich betroffenen Gliedmasse oder Körperregion kann die Verteilung des Giftes im Organismus beschleunigen. Deshalb ist der Patient anzuhalten, die betroffene Körperregion möglichst nicht zu bewegen. Es ist daher auch vorteilhaft, wenn der Patient mit einem Gefährt zur medizinischen Behandlung transportiert werden kann.

- **Kein Gift aus dem Körper entfernen**

Es soll nicht versucht werden, durch besondere Methoden der Wundversorgung Gift aus dem Körper zu entfernen. Die Wunde soll aber desinfiziert werden.

Vor allem darf man nie...

1) die Wunde durch Ausschneiden (Exzision) von Gewebe vergrössern,

2) die Wunde durch Einschnitte (Inzision) zu stärkerer Blutung veranlassen,

3) durch Aussaugen versuchen, Gift zu entfernen,

4) das betroffene Körperglied abbinden,

5) Chemikalien jeder Art auf die Wunde bringen,

6) Eis auf die Wundregion bringen,

7) oder das Heil in irgendwelchen der angebotenen „Anti-Giftschlangen-Kits", „Anti-Insektenstich-Kits", „Anti-Spinnenbiss-Kits" oder ähnlichen im Handel erhältlichen „Wundermitteln" suchen.

- **Essen und Trinken**

Normalerweise sollte man einem Patienten keine Nahrung, keine Medikamente und keine Getränke verabreichen, insbesondere keinen Alkohol. Im Bedarfsfall soll der Patient nur Wasser zu sich nehmen.

- **Identifizierung des Gifttieres**

  Wenn möglich sollte man versuchen, das Gifttier, das den Unfall verursacht hat, zu identifizieren. Falls das Tier tot ist, kann man es zur ärztlichen Behandlung mitnehmen.

  Aber aufgepasst:

  1) manche Tiere stellen sich im Rahmen ihres Verteidigungsverhaltens tot

  2) selbst schwer verletzte Tiere verfügen noch über Reflexe, die weitere Unfälle verursachen können (der Kopf einer enthaupteten Giftschlange macht beispielsweise noch geraume Zeit Bissbewegungen!)

- **Rascher Transport zur medizinischen Behandlung**

  Je rascher der Patient in medizinische Behandlung gebracht werden kann, desto besser. Muss der Patient jedoch, wie dies in tropischen Gebieten nicht unüblich ist, den Weg zum Arzt über grössere Distanzen zu Fuss gehen, sollte er dies eher gemächlich tun und keinesfalls rennen.

- **Lebensrettende Notmassnahmen**

  In seltenen Fällen kann Mund-zu-Nasenbeatmung oder Herzmassage nötig werden. Diese Techniken sollen jedoch nur von Personen ausgeführt werden, die sie beherrschen.

- **Traditionelle Behandlungsmethoden**

  In ländlichen Gebieten der Tropen werden oft traditionelle Heilmethoden, wie etwa das Einnehmen von Heilpflanzen, Ausbrennen, Einträufeln öliger Säfte, Auflegen von „black stones", angewendet. Bisher gibt es keine wissenschaftlichen Hinweise, dass diese Methoden etwas nützen können. Hingegen haben wir viele Hinweise, dass sie völlig wirkungslos sind und den Patienten nur davon abhalten, sich raschmöglichst in medizinische Behandlung zu begeben. Die Behandlung von Gifttierunfällen mit traditionellen Heilmitteln ist deshalb konsequent abzulehnen.

STECKBRIEFE

HOHLTIERE
Unterabteilung
Coelenterata

Nesseltiere
Stamm Cnidaria

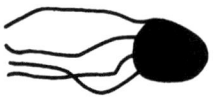

Biologie:

Nesseltiere sind einfach gebaute, im Wasser lebende Vielzeller. Sie treten in zwei Formen auf, als meist festsitzende Polypen oder als freischwimmende Medusen und Quallen, die gewöhnlich in Generationswechsel zueinander stehen. Die Körperwand wird aus zwei Zellschichten gebildet und kann durch eine gallertige Zwischenschicht (*Mesogloea)* stabilisiert sein. Nesseltiere werden in vier Klassen eingeteilt:

Hydrozoa: 2'700 Arten mit Hydropolypen, Hydromedusen und koloniebildenden Staatsquallen,

Scyphozoa: 200 Arten mit vorherrschenden, auffälligen Medusenformen.

Cubozoa: Gefährlichste Arten, mit kastenförmiger Medusenform, die zum Nahrungserwerb ruhige Küsten und flache Strände bevorzugen.

Anthozoa: 6'500 Arten mit stets festsitzenden Polypen, die einzeln (Anemonen) oder stockbildend (Korallen) auftreten.

Giftapparat:

In der äusseren Zellschicht befinden sich in besonderen, mit einer Borste *(Cnidocil)* versehenen „Nesselzellen" bläschenartige „Nesselkapseln" *(Nematocysten)*. Wird die Borste gereizt, schnellt ein Klebfaden (glutinante Nesselkapsel), ein Wickelfaden (volvente Nesselkapsel) oder eine giftgefüllte „Durchschlagsharpune" (penetrante Nesselkapsel) heraus. Die Tiere besitzen eine riesige Anzahl solcher Nesselkapseln, die zu eigentlichen „Nesselbatterien" zusammengefasst sein können.

Epidemiologie:

Auf festsitzende Polypen tritt man gelegentlich beim Waten im Meer. Freischwimmende Quallen treten oft in Schwärmen auf und können durch Stürme, Gezeiten und Meeresströmungen in Küstennähe verfrachtet werden. Badende Menschen können in die kaum sichtbaren Tiere hineinschwimmen und „genesselt" werden.

Giftchemie und Giftwirkung:

Soweit bekannt, bestehen Nesseltiergifte aus vergleichsweise kleinen Eiweiss-Stoffen und biogenen Aminen. Die Eiweisse sind insbesondere gegen wirbellose Meerestiere toxisch (Beuteerwerb). Die biogenen Amine lösen beim Menschen Schmerz, „Nesselausschläge" (Urticaria) und in ernsteren Fällen Blasenbildung aus, die in der Regel innerhalb von Tagen abklingen. Bei wenigen Arten („Seewespen") können Muskelkrämpfe, Atemnot, Kreislaufzusammenbruch und Lungenödem innerhalb von wenigen Minuten zum Tod durch Herzversagen führen.

Vorbeugende Massnahmen:

Lernen Sie die Nesseltiere am Ort kennen, baden Sie nicht in stillen Meeresbuchten und bei Stürmen. Tragen Sie Schuhe (gegen Polypen, Anemonen) und an den Küsten Australiens Taucheranzüge (gegen Quallen).

Erste Hilfe:

Holen Sie das Opfer raschmöglichst aus dem Wasser, da durch Schmerz, Krämpfe oder Schock Ertrinkungsgefahr besteht. Trocknen Sie anhaftende Tentakel durch Auftragen von Sand aus und schaben Sie diese anschliessend mit einem Stock oder ähnlichem Gegenstand ab. Ziehen Sie in ernsten Fällen sofort ein Arzt bei, der die auftretenden Symptome gezielt behandeln wird. Gegen die gefährlichen Arten Australiens gibt es ein Antivenin.

Stachelhäuter

Stamm
Echinodermata

Biologie:

Stachelhäuter sind radialsymmetrische, fünfstrahlige, festsitzende oder sich nur wenig bewegende Meerestiere mit einer Hauptachse, an deren unteren Pol sich der Mund und gegenüberliegend der After befindet. Das unter der Haut liegende, aus Platten oder Stacheln bestehende Kalkskelett ist bei den Seegurken zurückgebildet. Medizinisch bedeutsame Gifttiere gibt es in den Klassen Seesterne (Asteroidea), Seeigel (Echinoidea) und Seegurken (Holothurioidea).

Giftapparate:

Manche Seesterne besitzen Körperstacheln mit Giftdrüsen. Viele Seeigel haben giftgefüllte Hohlstacheln. Ebenso verfügen Seeigel über mit Giftdrüsen ausgestattete „Zangenfüsschen" (Pedizellarien),die eine Verteidigungsfunktion ausüben. Giftdrüsen der Haut und im Mundfeld gewisser Seesterne geben Gifte ins Wasser ab. Diese vermögen wirbellose Beutetiere zu lähmen. Die Seegurken stossen bei Bedrohung von den Hauptgängen ihrer Wasserlungen ausgehende, giftig-klebrige „Cuvier'sche Schläuche" durch den After aus.

Epidemiologie:

Wer beim Waten im Meer auf Stachelhäuter tritt, muss mit mechanischen Verletzungen rechnen, die gegebenenfalls mit Vergiftungserscheinungen kombiniert sein können. Das Essen von „Meeresfrüchten" (Bêche-de-mer,

Trepang), die unsorgfältig zubereitet wurden, führt zu Vergiftungen.

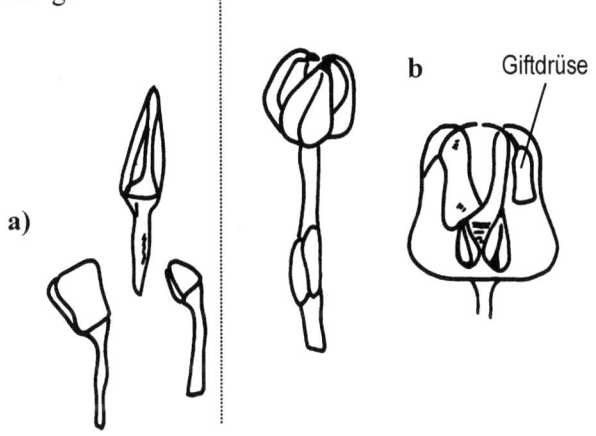

Zangenfüsschen (Pedizellarien) von Seeigeln
a) „Reinigungs- und Haltezangen" b) „Giftzangen"

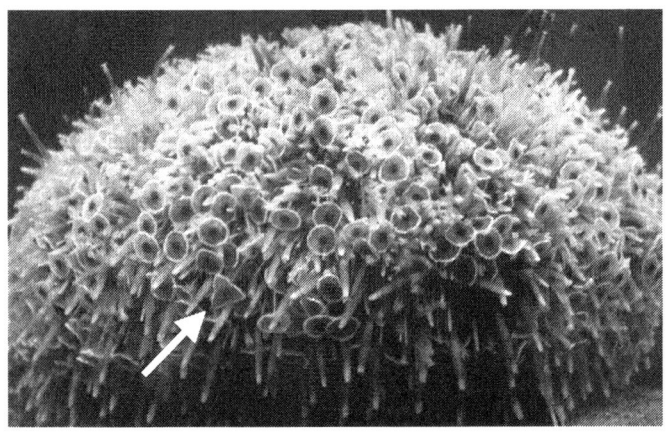

Toxopneustes – Seeigel mit grossen Giftzangen (Pfeil)

Giftchemie und Giftwirkung:

Seegurken-Gifte enthalten unter dem Begriff „Holothurin" zusammengefasste Steroidglykoside. Bei den Seesternen sind ebenfalls Glykoside gefunden worden, während die Seeigel-Gifte Eiweissbestandteile enthalten sollen. Die orale Aufnahme von Holothurinen führt zu Verdauungsstörungen. Dringt Gift in die verletzte Haut ein, so kommt es zu brennendem Schmerz und Hautentzündungen. Nebst mechanischen Verletzungen kann Gift aus Seeigelstacheln intensive Schmerzen, Rötungen und Schwellungen hervorrufen. Hier sind im Extremfall Lähmungen möglich. Seestern-Gifte wirken schleimhautreizend und können zu äusserst schmerzhaften Hautentzündungen führen.

Vorbeugende Massnahmen:

Tragen Sie auch im Wasser Schuhe und achten Sie darauf, wo Sie hinfassen. Vor dem Genuss von Meeresfrüchten lohnt es sich, Einheimische über deren Geniessbarkeit zu befragen.

Erste Hilfe:

Seeigelstacheln entfernt man am besten, indem man auf die betroffenen Hautpartien Haftpflaster aufklebt und dieses nach vierundzwanzig Stunden wegreisst. Diese Behandlung wiederholen Sie gegebenenfalls mehrmals. Tiefsitzende Stacheln erfordern ärztliche Behandlung. Zeigen sich Vergiftungssymptome, so setzen Sie die betroffene Gliedmasse während mindestens dreissig Minuten möglichst heissem Wasser (mehr als 45 ° C ist kaum auszuhalten!) aus. Vergiftungen nach Mahlzeiten erfordern ärztliche Behandlung.

Weichtiere

Stamm Mollusca

Klasse Bivalvia,
Muscheln
Lamellibranchiata

Biologie:

Weichtiere besitzen einen undeutlich in Kopf, Fuss und Eingeweidesack gegliederten Körper mit innerer oder äusserer Schale. Mit Ausnahme der Schnecken, die auch Landformen hervorgebracht haben, sind es vorwiegend marine Wassertiere. Medizinisch bedeutsam sind vor allem die zu bestimmten Zeiten passiv giftigen Muscheln und manche Kegelschnecken.

Abgesehen von Lebensmittelvergiftungen wegen bakterieller Kontamination (gastrointestinale Muschelvergiftung) und allergischer Überempfindlichkeit (erythematöse Muschelvergiftung), die nach dem Verzehr von Muscheln auftreten können, sind Muscheln vor allem im Zusammenhang mit „Paralytic Shellfish Poisoning (PSP)", „Neurotoxic Shellfish Poisoning (NSP)", „Diarrhetic Shellfish Poisoning (DSP)" und „Amnesic Shellfish Poisoning (ASP)" medizinisch bedeutsam.

Epidemiologie:

Muscheln sind sesshafte Tiere, die mit ihren Kiemen mikroskopisch kleine Planktonnahrung aufnehmen und der Mundöffnung zuführen („Filtrierer"). In manchen Gegenden kommt es im Sommer bis Frühherbst zu einer Massenvermehrung giftiger Einzeller (Dinoflagellaten), die im Meer als Verfärbung oder „Meeresleuchten" sichtbar wird ("Red tides"). Durch Aufnahme solcher Einzeller und Speicherung ihrer Gifte in den Eingeweiden werden die Muscheln giftig. Ihr Verzehr führt in der Folge beim Menschen zur Vergiftung.

Giftchemie und Gift:

Einige Gattungen der einzelligen Dinoflagellaten (z.B. *Gonyaulax, Gymnodinium, Alexandrium, Gambierdiscus*) produzieren wasserlösliche Toxine, die unter dem Begriff „Saxitoxin" oder „Gnyautoxin" zusammengefasst werden und fettlösliche Toxine, wie etwa „Brevetoxin", „Maitotoxin" und Ciguatoxin". Es handelt sich um komplizierte Kohlenwasserstoff-Verbindungen, die hitzestabil sind. Während viele Fische auf diese Giftstoffe sehr empfindlich reagieren, scheinen Muscheln ohne Vergiftungssymptome grössere Mengen davon speichern zu können. Etwa dreissig Minuten nach Aufnahme giftiger Muscheln kommt es zum Kribbeln der Mundregion, das sich auf die Gliedmassen ausdehnt. Erbrechen, Gleichgewichtsstörungen und Muskelschwäche („Torkeln") sowie Atembeschwerden können in etwa acht Prozent der Fälle zum Tod durch Atemstillstand führen. Überlebt der Patient die ersten zwölf Stunden, ist die Prognose günstig.

Vorbeugende Massnahmen:

Bereiten Sie niemals Muscheln unbekannter Herkunft, oder solche die in Abwassernähe gefangen werden zu. Essen Sie keine seltsam riechenden oder bereits vor dem Kochen leicht geöffnete Muscheln. Informieren Sie sich bei örtlichen Fischern über die Essbarkeit der Muscheln. Wo Warnplakate vorhanden sind, beachten Sie diese unbedingt.

Erste Hilfe:

Falls der Patient nicht von selbst erbricht, sollte man den Brechreiz auslösen. Bringen Sie den Patienten in ärztliche Behandlung.

Weichtiere

Stamm Mollusca

Kegel-
schnecken

Klasse Gastropoda

Biologie:

Kegelschnecken leben vorwiegend im Flachwasserbereich tropischer und subtropischer Meere. Sie sind meist nachtaktiv und ernähren sich von Würmern, anderen Weichtieren oder Fischen. Die Beute wird chemisch geortet. Die Schnecke schiesst eine lähmende „Giftharpune" ab, sobald das Beutetier mit dem Rüssel in Berührung kommt.

Giftapparat:

Das Gift wird in einem von Muskeln umgebenen „Giftbeutel" produziert und über einen Giftkanal in den Schlund geleitet. Dort befinden sich in einem seitlichen Behälter fünfzig bis hundert mit Widerhaken versehene, hohle, pfeilförmige Kalkzähne, die durch starke Muskeln in den Schlund befördert und mit Gift gefüllt werden.

Epidemiologie:

Unfälle kommen nur vor, wenn Touristen die schönen „Schneckenhäuschen" in die Hand nehmen.

Giftchemie und Giftwirkung:

Die Gifte enthalten sehr rasch wirkende, kurzkettige Eiweisse, die sogenannten „Conotoxine", die zu einer Lähmung der Muskeln führen. Todesfälle sind selten.

Vorbeugende Massnahmen:

Fassen Sie keine Kegelschnecken an.

Erste Hilfe:

Setzen Sie die betroffene Gliedmasse während mindestens dreissig Minuten heissem Wasser (maximal 45°C) aus. Suchen Sie bei Vergiftungszeichen einen Arzt auf.

Aktiv giftige Fische

Klasse Pisces

Biologie:

Weit über 200 Fischarten sind als aktiv giftig bekannt. Es handelt sich in der Regel um schlechte Schwimmer, die gewöhnlich gut geschützt in Fels- und Korallennähe ein träges Leben führen und sich oft im Sand des Meeresbodens einwühlen. Der Giftapparat wird in der Verteidigung eingesetzt. Die bekannteren Arten findet man bei den „Doktorfischen" (Familie Acanthuridae), den mit den Haien verwandten „Stechrochen" (Dasyatidae, Potamotrygonidae), den „Petermännchen" (Trachinidae), „Himmelsguckern" (Uranoscopidae) sowie den „Drachenköpfen" (Scorpaenidae).

Giftapparate:

a) Stechrochen: Auf der Rückenseite des peitschenartigen Schwanzes befindet sich ein mit Widerhaken versehener Stachel, der mit giftproduzierendem Drüsengewebe verbunden ist.

b) Doktorfische: An der Schwanzflossenbasis hat der Fisch auf jeder Seite des Körpers einen ausklappbaren Stachel.

c) Übrige Gruppen: Diese besitzen mit Giftdrüsengewebe verbundene Stacheln an den Kiemendeckeln, Rücken-, Brust-, Bauch- und Analflossen.

Epidemiologie:

Unfälle können sich beim Waten im seichten Wasser ereignen, sofern man auf die Fische tritt. Manipulationen und unvorsichtige Handgriffe (Taucher, Badende, Fischer, Fischmarkt!, Küche!) führen häufig zu Unfällen.

Giftchemie und Giftwirkung:

Die Gifte aktiv giftiger Fische sind nur ungenügend erforscht. Die giftigsten Bestandteile dürften Eiweisse sein. Deshalb ist allen Giften eine grosse Instabilität gegenüber erhöhten Temperaturen gemeinsam. Auch freie Aminosäuren, biogene Amine und Enzyme wurden bei manchen Arten gefunden. Stiche sind ausserordentlich schmerzhaft und können von Benommenheit und Schwäche bis hin zu Lähmungen und zum Tod führen. An Lokalsymptomen können Verfärbungen der Stichstelle, Schwellungen und Nekrosen auftreten. Besonders erwähnenswert sind auch Sekundärinfektionen. Über den vollständigsten Giftapparat verfügen die „Steinfische" (*Synanceja* -Arten), bei denen bis zu sechzig Prozent der Unfälle tödlich ausgehen sollen.

Vorbeugende Massnahmen:

Tragen Sie auch im Wasser Schuhe mit guten Sohlen. Schwimmen Sie, statt zu waten. Reizen Sie die Tiere nie, um keine Notwehrangriffe hervorzurufen.

Erste Hilfe:

Da sich die Schmerzen rasch entwickeln, besteht die Gefahr des Ertrinkens. Bringen Sie den Verunfallten deshalb sofort an Land. Spülen Sie die Wunde mit Meerwasser und entfernen Sie allfällige Stachel- und Hautreste. Setzen Sie die betroffene Gliedmasse mindestens 30 Minuten warmem Wasser (maximal 45 °C) aus. Gegen Steinfisch-Gift ist in Australien ein Antivenin erhältlich.

Passiv giftige Fische

Klasse Pisces

An die 500 Fischarten sind – zumindest zeitweilig – passiv giftig. Es handelt sich vorwiegend um Riffbewohner.

Die drei folgenden Arten von Fischvergiftungen sind medizinisch bedeutsam:

Tetrodotoxin-Vergiftung:

Kugelfisch-Verwandte (*Tetraodontiformes*) enthalten unter anderem abhängig von ihrem Geschlechtszyklus vorab in den Eingeweiden unterschiedliche Mengen stark giftiges Tetrodotoxin. Die Konzentration an Tetrodoxin ist aber auch saisonalen, geographischen und selbst individuellen Schwankungen unterworfen. Da die Körpermuskulatur gewöhnlich giftfrei ist oder Gift nur in Spuren enthält, wird „Fugu" in Japan als Delikatesse verspeist. Speziell ausgebildete „Fugu-Köche" sorgen dafür, dass man „Fugu" in eigens lizenzierten Restaurants vergleichsweise gefahrlos zu sich nehmen kann. Gefährdet sind heute vor allem Hobbyfischer, die Kugelfischverwandte in Unkenntis ihrer Giftigkeit unsachgemäss zubereiten. Innerhalb von wenigen Minuten kann es dann zu Schwäche, Kribbeln im Mundraum und an den Gliedmassen kommen. Es folgen Erbrechen, Schweissausbrüche, erhöhter Speichelfluss, Schmerzen und Blutdruckabfall. Der Tod durch Atemlähmung tritt in mehr als sechzig Prozent der Fälle innerhalb von 24 Stunden ein.

Ciguatera-Vergiftung:

Wenn Einzeller der Art *Gambierdiscus toxicus* und verwandte Arten zeitweise im Rahmen von „Algenblüten" in hoher Dichte vorkommen, werden deren Toxine (Ciguatoxin, Maitotoxin u.ä.) über die Nahrungskette im Körper vieler Riff-Fische angereichert. Die Vergiftungserscheinungen beim Menschen beginnen mit Magen-Darm-Beschwerden, Übelkeit und Erbrechen sowie wässrigen Durchfällen. Später können ausgeprägte Muskelschwächen in den Gliedmassen auftreten. Obwohl auf Inseln der Karibik und des Pazifiks jährlich gegen 50'000 Menschen von dieser Vergiftung betroffen sind, ist die Todesfallrate kleiner als ein Prozent. Allerdings hat Ciguatera volkswirtschaftlich grosse Auswirkungen, weil die Bewohner tropischer Inseln oft stark von der Fischerei abhängen.

Scombroid-Vergiftung:

Makrelen und Thunfische besitzen als gute Schwimmer dunkle, Histidin-reiche Muskulatur. Infolge unsachgemässer Lagerung (Wärme) vermehren sich die Bakterien, die auf der Fischhaut leben, sehr stark und verwandeln Histidin in Histamin. Verspeist man solche „verdorbene" Fische, kommt es zum klassischen Bild einer Histamin-Vergiftung: Rötung von Gesicht, Brust und Armen innerhalb von Minuten, starke Kopfschmerzen, Übelkeit, Erbrechen, Durchfall und Schweissausbruch. Magensekretion und Puls sind erhöht, der Blutdruck kann absinken. Die Symptome verschwinden normalerweise innerhalb von vierundzwanzig Stunden.

Vorbeugende Massnahmen:

Essen Sie keine auffällig geformten und gefärbten Fische. Verzichten Sie auf Fischmahlzeiten, wenn an einem Ort Fischvergiftungen auftreten.

Erste Hilfe:

Meist erbricht der Betroffene von selbst. Bringen Sie den Patienten in ärztliche Behandlung.

Spinnentiere Klasse Arachnida

Skorpione Ordnung Scorpiones

Biologie:

Skorpione sind urtümliche, stark gepanzerte Spinnentiere mit einem in drei gut unterscheidbare Teile (*Cephalothorax, Präabdomen, Postabdomen*) gegliederten Körper. Die Tiere sind nachtaktiv, leben räuberisch und verkriechen sich tagsüber in Ritzen und Löchern, um ihr Bedürfnis nach allseitigem Körperkontakt zu stillen.

Giftapparat:

Das sehr bewegliche Postabdomen, der „Schwanz" der Skorpione besteht aus sechs Segmenten, deren letztes, das Telson, die paarigen Giftdrüsen enthält, die in zwei Giftaustrittsöffnungen nahe der Stachelspitze münden. Alle für den Menschen lebensgefährlichen Arten gehören der Familie Buthidae an. In der Verteidigung schlagen die Skorpione mit ihrem „Schwanz" wild um sich. Sie benutzen den Giftstachel aber auch gezielt zur Überwältigung grosser Beutetiere.

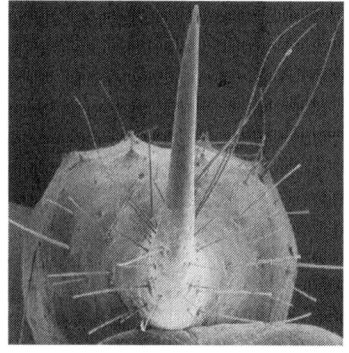
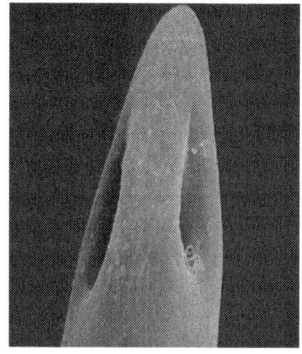

Skorpionstachel: beachten Sie die beiden Giftaustrittsöffnungen

Epidemiologie:

Ihr Drang, allseitigen Körperkontakt mit der Umgebung zu halten, führt dazu, dass Skorpione sich auch herumliegende Schuhe und Kleidungsstücke als „Wohnnischen" aussuchen. Überraschendes „Eindringen" des Menschen führt zu Unfällen ebenso, wie wenn man während der Nacht barfuss geht.

Giftchemie und Giftwirkung:

In manchen Ländern (Mexico, Algerien) sind Skorpione diejenigen Gifttiere, welche die meisten Unfälle verursachen. Die Gifte enthalten Eiweisse, die neurotoxisch wirken („Nervengifte"). Starke Schmerzen und Entzündungsreaktionen an der Stichstelle sind die Regel. Schweissausbrüche, Übelkeit und erhöhte Temperatur sowie bei Kindern extreme Angstgefühle treten in schweren Fällen auf. Krämpfe, Blutdruckabfall und Kreislaufkollaps können zum Tode führen. Infolge ihres geringen Körpergewichtes sind Kleinkinder besonders gefährdet.

Prophylaxe:

Tragen Sie nachts auch im Hause Schuhe. Schütteln Sie Kleider und Schuhe vorsichtig aus, bevor Sie sie anziehen. Schlafen Sie niemals auf dem Boden. Halten Sie die Vegetation ums Haus kurz. Halten Sie ein paar Hühner im Garten.

Erste Hilfe:

Schwere Vergiftungsfälle erfordern immer ärztliche Hilfe. Stellen Sie die betroffene Gliedmasse ruhig. Gegen die gefährlichen Arten stehen Antivenine zur Verfügung. Diese sollten allerdings nur unter ärztlicher Aufsicht rasch (innerhalb von 2 Stunden) und in genügender Menge (5-10 Ampullen) eingesetzt werden.

Spinnentiere   Klasse Arachnida

Spinnen   Ordnung Araneae

Biologie:

Mit 30'000 Arten sind die Spinnen die artenreichste Ordnung der Klasse Spinnentiere. Ihr Körper ist in zwei Teile, den *Cephalothorax* (Kopf-Brustteil) und das *Abdomen* (Hinterleib) gegliedert.

Giftapparat:

Der Giftapparat steht im Zusammenhang mit dem Beuteerwerb. Die Cheliceren sind als Giftklauen ausgebildet. Bei den „Vogelspinnen" (Unterordnung *Orthognatha*) sind die Cheliceren mit parallel stehenden Giftklauen nach vorne gerichtet und enthalten im basalen Teil je eine Giftdrüse. Bei den übrigen Spinnen (Unterordnung *Labidognatha*) sind die Giftklauen einander zugekehrt und die Giftdrüsen liegen im Cephalothorax. Während die Vogelspinnen, mit Ausnahme der australischen Arten der Gattungen *Atrax* und *Hadronyche* keine nennenswerte Gefahr darstellen, finden wir bei den labidognathen Spinnen etliche unscheinbare Arten mit starken Giften (Gattungen *Phoneutria*, *Latrodectus* und *Loxosceles*).

Vergleich der Greifspanne bei orthognathen Vogelspinnen und labidognathen Echten Spinnen (schwarz)

Bewegungsweise der Giftklauen (Cheliceren) bei
a) orthognathen Vogelspinnen
b) labidognathen echten Spinnen

Giftchemie und Giftwirkung:

Die Rohgifte sind komplexe Gemische, die Enzyme und spezifisch wirksame Toxine enthalten, die neuro- („Nervengift") und/oder cardiotoxisch („Herzgift") wirken können. *Phoneutria*- und *Latrodectus*-Gifte wirken vorwiegend neurotoxisch, *Loxosceles*-Gifte cytotoxisch und hämolytisch („Zerstörung von roten Blutkörperchen"). Je nach Art ist auch das Vergiftungsbild mannigfaltig: Schmerzen, Zittern, Muskelkrämpfe, Delirien, Dunkelverfärbung der Haut (bei *Loxocseles*), Schwindel, Übelkeit, Atemlähmung (*Phoneutria*) oder Nierenversagen (*Latrodectus*) können in schweren Fällen zum Tode führen.

Prophylaxe:

Tragen Sie nachts auch im Hause Schuhe. Schütteln Sie Kleider und Schuhe vorsichtig aus, bevor Sie diese anziehen. Schlafen Sie niemals auf dem Boden.

Erste Hilfe:

Wie bei Skorpionen. Gegen die gefährlichen Arten stehen Antivenine zur Verfügung, die unter ärztlicher Aufsicht verabreicht werden.

Insekten

Klasse Insecta,
Hexapoda

Hautflügler

Ordnung Hymenoptera

Biologie:

Die weltweit verbreitete Gruppe der Hautflügler umfasst die in bezug auf Körperbau und Verhalten höchstentwickelten Insekten. Neben solitären Formen sind bei den Stechwespen (*Aculeata*) sozial lebende Arten bekannt, die für Vergiftungen und lebensgefährliche Allergien beim Menschen verantwortlich sind.

Giftapparat:

Die weiblichen Tiere medizinisch bedeutsamer Arten verfügen an ihrem Hinterende über einen einziehbaren Stechapparat. Dieser lässt sich aus einem Eilegeapparat (*Ovipositor*) herleiten, der bei den Pflanzenwespen (*Symphyta*) zur Eiablage in pflanzliche Gewebe dient. Bei den Schlupf- oder Legewespen (*Terebrantes*), deren Larven meist in Arthropodenlarven parasitieren, erfüllt er die Doppelfunktion eines Giftapplikations- und Eiablageorganes. Bei den oft sozial lebenden Stechwespen (*Aculeata*), die ihre Nachkommenschaft in „Nestern" oder „Stöcken" aufziehen, dient der Stechapparat zur Verteidigung des „Staatswesens". Er kann, etwa bei vielen Ameisenarten und den „stachellosen" Bienen, auch zurückgebildet sein.

Epidemiologie:

Die Tiere stechen bei Bedrohung und reagieren besonders „gereizt" auf Schweiss-, Benzin-, Rauch- und Insektizidgerüche. Besonders gefährlich sind schwärmende Völker, die einem Opfer oft viele Stiche verabreichen.

Giftchemie und Giftwirkung:

Je nach Art enthalten die Gifte biogene Amine (Histamin, Serotonin, Acetylcholin), niedermolekulare Peptide (Mellitin, Apamin, Kinine) und Enzyme (Phospholipasen, Hyaluronidasen) in unterschiedlicher Zusammensetzung. Normalerweise führt der Stich nur zu schmerzhaften lokalen Schwellungen. Die seltenen Stiche im Mund- und Rachenraum können allerdings zu einem Verschluss der Atemwege und Erstickungstod führen. Am bedrohlichsten sind jedoch „anaphylaktische" Reaktionen, die nicht der Giftwirkung, sondern der Gift*anwesenheit* zuzuschreiben sind. Solche Überempfindlichkeitsreaktionen sind die Folge einer „falschen" Abwehrreaktion des Körpers. Sie sind dafür verantwortlich, dass die Hautflügler weltweit die medizinisch bedeutsamste Gifttiergruppe darstellen.

Prophylaxe:

Halten Sie zu den Nestern von Hautflüglern (auch Ameisen) Distanz. Führen Sie keine ruckartigen Abwehrbewegungen aus, falls sich Wespen oder Bienen in Körpernähe aufhalten. Nehmen Sie vor schwärmenden Völkern in Innenräumen (Auto, Haus...) und möglichst an dunklen Orten Zuflucht. Da Stechwespen Blütenbesucher sind, sollten Sie im Freien Schuhe tragen. Süsse Getränke in Bechern und Gläsern ziehen Hautflügler ebenso an wie Süsspeisen und Wurstwaren.

Erste Hilfe:

Entfernen Sie in der Haut steckengebliebene Stacheln vorsichtig. Suchen Sie in schweren Fällen einen Arzt auf. Bei bekannter Überempfindlichkeit sollten Sie eine unter ärztlicher Aufsicht eine Hyposensibilisierungtherapie durchführen.

Schuppen-kriechtiere Schlangen

Ordnung Squamata

Unterodnung Ophidia, Serpentes

Biologie:

Schlangen sind extremitätenlose Schuppenkriechtiere, deren Kieferapparat in Anpassung an grosse Beutetiere meist in bewegliche Spangen aufgelöst ist. Etwa 80 Prozent aller lebenden Schlangenarten besitzen zu Giftdrüsen umgewandelte Speicheldrüsen. Solche „Giftschlangen" findet man bei den Nattern (Familie Colubridae), den Giftnattern (Familie Elapidae), den Vipern (Familie Viperidae) mit den Unterfamilien Viperinae (Echte Vipern) und Crotalinae (Grubenottern), sowie den Erdvipern (Familie Atractaspididae).

Giftapparat(e):

Die Nattern verfügen meist über einen „aglyphen Giftapparat" mit Giftdrüsen, die, sofern vorhanden, zuhinterst im Oberkiefer in der Nähe von nicht spezialisierten Kegelzähnen münden. Manche, oft als „Trugnattern" bezeichnete Arten besitzen zuhinterst im Oberkiefer verlängerte, vorderseits gefurchte Giftzähne („opisthoglypher Giftapparat"). Der „proteroglyphe Giftapparat" der Giftnattern zeichnet sich durch zuvorderst im Oberkiefer sitzende Giftzähne aus, deren Giftfurche praktisch geschlossen erscheint. Bei den Vipern und Erdvipern findet man zuvorderst im Oberkiefer enorm verlängerte, bewegliche Giftzähne mit einem geschlossenen Giftkanal, die beim Biss aufgerichtet (Viperidae) oder seitlich ausgeklappt (Atractaspididae) werden können („solenoglypher Giftapparat"). Die unterschiedlichen Giftapparate sind mit dafür verantwortlich, dass nur etwa 10 Prozent aller Schlangenarten medizinische Bedeutung erlangen.

Epidemiologie:

Schlangenbisse treten hauptsächlich an Händen und unge-schützten Füssen bzw. Unterschenkeln auf. Weil in der Regel nur wenig Gift abgegeben wird, verlaufen Schlan-genbissunfälle meist relativ glimpflich.

Giftchemie und Giftwirkung:

Die Immobilisierung grosser Beutetiere wird durch Atem-lähmung oder Kreislaufschock erreicht. Für die Läh-mungserscheinungen sind vorwiegend niedermolekulare Peptide verantwortlich, die zu einer Blockierung der neu-romuskulären Erregungsübertragung führen. Solche „Neurotoxine" findet man vorwiegend in den Giften der Giftnattern (Elapidae). Die Viperngifte, und, soweit unter-sucht, die Gifte der Nattern, enthalten vor allem hochmo-lekulare Enzyme, die zu Blutgerinnungsstörungen, Kreis-laufschock und Gewebezerstörung führen können. An Allgemeinsymptomen werden Übelkeit, Gerinnungsstö-rungen, Kreislaufstörungen und/oder Lähmungserschei-nungen beobachtet. Innere Blutungen, Kreislaufschock oder Atemlähmung können zum Tod führen.

Prophylaxe:

Tragen Sie Schuhe, treten Sie fest auf und achten Sie dar-auf, wohin Sie treten, sitzen oder greifen. Schlafen Sie nicht am Boden und gehen Sie nachts mit Licht. Fassen Sie keine (auch nicht scheinbar tote) Schlangen an.

Erste Hilfe:

Stellen Sie die betroffene Gliedmasse ruhig und stauen Sie sie herzwärts so, dass der Puls noch fühlbar bleibt (lockern Sie diese alle 15 Minuten für zwei Minuten). Desinfizieren Sie die Bissstelle. Giftschlangenbissunfälle sollten während der ersten 24 Stunden stets ärztlich über-wacht werden.

Zu guter Letzt...

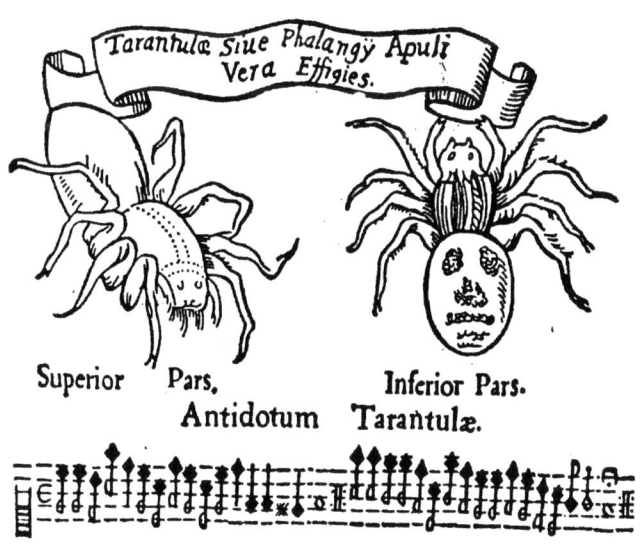

Ursprünglich sollte das Büchlein etwa 150 Seiten umfassen. Jetzt sind es doch mehr als 200 geworden. Das liegt in der Natur der Sache und ich denke auch Sie, lieber Leser haben mittlerweile festgestellt, dass Gifttiere wahrhaft faszinierende Geschöpfe sind. Dabei gäbe es wahrlich noch viel zu besprechen. Denken wir doch nur einmal an die vielen Gifte im Tierreich, die für uns Menschen keinerlei medizinische Bedeutung haben. Allein der „Bombardierkäfer" *(Brachynus crepitans)* mit seiner Hightech-Waffe wäre ein eigenes Kapitel wert. Doch vielleicht geben diese und ähnliche Geschichten ja gelegentlich ein weiteres Büchlein...

Zum Abschluss sei noch eine Spinnengeschichte ins rechte Licht gerückt. Es geht um die Geschichte mit den Taranteln, dem Tarantismus und dem Veitstanz. Seit dem Mittelalter bis tief ins 19. Jahrhundert hinein herrschte bei den Bewohnern des Mittelmeerraumes, insbesondere aber bei den Italienern die Meinung vor, der Biss einer Tarantel *(Lycosa tarantula)* könne Menschen in psychische Ausnahmezustände, den „Tarantismus" versetzen. Bereits 1623 hingegen hat der Wissenschaftler Aldrovandus klipp und klar festgehalten, dass es mit Bissen der Tarantel überhaupt nichts auf sich habe. Wenn überhaupt ist die als „Tarantismus" bezeichnete Vergiftung am ehesten mit der Malmignatte *(Latrodectus tredecimguttatus)* in Verbindung zu bringen. Deren Biss führt ja zu sehr starken Schmerzen und hat in früheren Jahrhunderten die Menschen möglicherweise vom Schmerz gepeinigt herumhüpfen lassen. Das schmerzverzehrte Gesicht von *Latrodectus*-Patienten hat Professor Zvonimir Marétič ja sogar mit dem medizinischen Namen „Facies Latrodectismica" eigens beschrieben.

Im Mittelalter wurde von den Fachleuten als einziges Heilmittel gegen den „Tarantismus" die Musik verschrieben, wie die zeitgenössiche Darstellung des „Antidotum tarantulae" auf Seite 209 zeigt. Mit Geigen wurden muntere Tanzweisen gespielt, zu denen die Patienten zunehmend ekstatischer bis zur völligen Erschöpfung zu tanzen pflegten. Der damals gängigen Vorstellung zufolge wurde durch den „Veitstanz" der Schweissausbruch gefördert und mit ihm auch das Spinnengift aus dem Körper hinausgetrieben. Dazu meinte der berühmte englische Naturforscher Martin Lister in seiner „Naturgeschichte der Spinnen" allerdings schon 1678 amüsiert: *„...so darf man sich nicht wundern, wenn ein von einer Tarantel gebissener Mensch eine bestaendige Tanzbegierde fuehlt, weil der gewoehnliche Gang dieser Art von Spinnen ein blosser Tanz zu seyn scheint. Auf gleiche Weise sollen Leute, die von tollen Hunden gebissen worden, auch wie Hunde bellen."*

Der Tarantismus ist ein typisches Beispiel dafür, dass bei vielen Menschen im Zusammenhang mit Gifttieren Urängste ein gesichertes Wissen überdecken und sich in der Volksüberlieferung hartnäckig halten. *„Wie von der Tarantel gestochen"* ist ja in unseren Breitengraden auch heute noch ein bestehender Begriff für hektische und wild herumhüpfende Menschen...

ॐॐ

Finden Sie, nachdem Sie dieses kleine Werk gelesen haben nicht auch, dass das, was wir heute über die Gifttiere wissen wesentlich interessanter ist als die besten Schauermärchen, die man zu diesem Thema zu erzählen pflegt?

Wenn Sie diese Frage mit einem überzeugten „Ja"
beantworten können, hat sich mein Aufwand ge-
lohnt!

ॐॐॐ

Abschliessend ist es mir ein Bedürfnis zu danken.
Neben vielen eigenen Aufnahmen durfte ich von
meinen Kollegen Peter Brodmann, Ettingen, Thierry
A. Freyvogel, Basel, Jörg Hess, Basel, Silvia Lucas,
São Paulo, Dietrich Mebs, Frankfurt und Julian White, Adelaide sowie aus der Sammlung des Schweizerischen Tropeninstituts Fotomaterial verwenden.

Die Cartoons, welche die einzelnen Kapitel zieren
habe ich im Laufe der zurückliegenden zwanzig Jahre Lehrtätigkeit an der Universität Basel zusam-
mengetragen. Von Vielen kenne ich weder den
Zeichner, noch die genaue Herkunft, was es mir
verunmöglichte, entsprechende Copyrights einzu-
holen. So blieb mir nichts anderes übrig, als die teil-
weise schlechten Kopien, die mir zur Verfügung
standen, neu und oft vereinfacht zu zeichnen. Die
zugehörigen, jeweils „Gifttier-bezogenen" Aus-
sprüche stammen von mir.

Ein besonderer Dank gilt meiner lieben Frau Ulrike,
die mich mit meinen Gifttiergeschichten und vielen
anderen Aktivitäten nicht nur jeden Tag neu erträgt,
sondern aktiv dazu beigetragen hat, dass dieses
Büchlein für Sie lesbar wurde. Schliesslich möge
das Buch meinen Kindern David, Stephanie und
Thomas als Beweis dafür dienen, dass der Vater hin
und wieder etwas Gescheites tut, wenn er tagelang
am Labtop sitzt.

JUMEBA®️ unterstützt Geschäftsführer und Führungskräfte von Unternehmen aller Branchen mit

⟫ **Ausbildung**

⟫ **Beratung**

⟫ **Dokumentierung**

⟫ **Führung**

IHR ERFOLG IST UNSER ZIEL

Der Umsetzung unserer Vision dienen die folgenden Erfolgsgrundsätze, denen wir nachleben:

● **Ehrlichkeit:** nur durch Wahrheit entsteht Vertrauen

● **Innovation:** unsere Lösungen sind Ihrer individuellen Situation angepasst

● **Marktleistung:** unsere Dienstleistungen machen Sie zum Gewinner

● **Qualität:** wir erfüllen permanent die vereinbarten Anforderungen

● **Termintreue:** wir halten Termine ein

JUMEBA® steht für **Juerg Meier, Basel:**

Prof. Dr. phil, Biologe,

Titularprofessor für Zoologie, Universität Basel
Dozent für Qualitätsmanagement an der Fachhochschule beider
Basel und am Wirtschaftswissenschaftlichen Zentrum der Universität Basel

Betriebswirtschaftliche Ausbildung:

AKAD-Zertifikate in Wirtschaft, Organisationslehre, Internationale Betriebswirtschaftslehre, Controlling, Marketing, Mittelflussrechnung.

Qualitätsmanagement:

Diplom QM-System Auditor SAQ, EOQ
Freier Mitarbeiter (Auditor) bei der SQS, Schweiz. Vereinigung
für Qualitäts- und Managementsysteme

Unternehmensführung:

Langjährige Erfahrung als Geschäftsführer eines international
tätigen KMU der Pharma-, Diagnostik- und Kosmetikbranche
(u.a. Leiter Forschung und Entwicklung, Leiter Fabrikation und
Leiter Qualitätsmanagement)

Risikomanagement:

Managing Partner der **Eurorisk Ltd**.
Risk Management Consultants
Talstrasse 82
8022 Zürich

Besuchen Sie unsere Homepage: **www.jumeba.ch**

Wir informieren Sie gerne ausführlich über die einzelnen Angebote.